经济类院校基础课程本科系列教材

微积分［下册］（第三版）

WEIJIFEN

编 著● 王建忠 朱文莉 代宏霞 谢 果

西南财经大学出版社

图书在版编目(CIP)数据

微积分．下册/王建忠等编著．—3 版．—成都：西南财经大学出版社，2016.7
ISBN 978－7－5504－2483－8

Ⅰ.①微… Ⅱ.①王… Ⅲ.①微积分—高等学校—教材 Ⅳ.①O172

中国版本图书馆 CIP 数据核字(2016)第 142698 号

微积分(下册)(第三版)

王建忠　朱文莉　代宏霞　谢果　编著

责任编辑：高小田
封面设计：杨红鹰　张姗姗
责任印制：封俊川

出版发行	西南财经大学出版社(四川省成都市光华村街 55 号)
网　　址	http://www.bookcj.com
电子邮件	bookcj@foxmail.com
邮政编码	610074
电　　话	028－87353785　87352368
照　　排	四川胜翔数码印务设计有限公司
印　　刷	四川森林印务有限责任公司
成品尺寸	170mm×240mm
印　　张	11.75
字　　数	210 千字
版　　次	2016 年 7 月第 3 版
印　　次	2016 年 7 月第 1 次印刷
印　　数	1—2000 册
书　　号	ISBN 978－7－5504－2483－8
定　　价	23.80 元

第二版前言

经过对本教材第一版一段时间的使用，我们在教学实践中发现了一些错误和不足，同时，吸收读者的信息反馈，对本书进行了修订。

本次修订分工如下：代宏霞、朱文莉、王建忠修订第一章，朱文莉修订第二章，代宏霞修订第三章，谢果修订第四章、第五章，全书由王建忠统稿。

在本书修订过程中，西南财经大学信息工程学院李永福教授提供了许多非常宝贵的建议，在此深表感谢。

虽经认真修订，但书中难免仍存在不妥之处，恳请各位同仁专家和读者批评指正，以便下次再版时完善。

编者

2008 年 8 月

前 言

本书的编写依据是教育部颁布的高等学校财经类专业核心课程《经济数学基础——微积分》教学大纲，同时参考了近年来经济管理类硕士研究生入学统一考试数学考试大纲。因此，它可以作为高等财经院校本科各专业的“微积分”课程教材使用，亦可供有志学习本课程的自学者选用。

本书在内容取舍上尤其注重数学与经济学的有机结合，强调微积分的概念及有关原理在经济学中的应用，强调本书用到的有关经济学的概念的严密性与规范性，力图在保持传统教材优点的基础上，把微积分的基本原理和经济学的相关知识恰当结合，以更有利于课程的讲授与学习，并为学生以后的经济学学习打下良好的数学基础。

本书充分注意到数学基本概念和原理的逻辑性与严密性，同时也考虑了一些数学基本概念在经济学中的特殊应用。

本书是通力合作的结果：代宏霞、朱文莉、王建忠执笔第一章，朱文莉执笔第二章，代宏霞执笔第三章，谢果执笔第四章、第五章，全书由王建忠统稿。

本书的写作得到了西南财经大学经济数学学院领导和老师们的大力支持和帮助，西南财经大学经济数学学院副院长孙疆明教授、经济数学学院刘丽教授审阅了书稿并提出了很多有益的建议，在此一并致谢。同时，感谢西南财经大学出版社对本书的出版所给予的支持。

由于编者水平有限，加之时间也比较仓促，书中难免存在不妥之处，恳请各位同仁专家和读者批评指正，以便再版时完善。

目录

目 录

目录

目 录

1 多元函数微分学

微积分(上册)讨论了因变量的值只依赖于一个自变量的函数 $y=f(x)$,这类函数称为一元函数. 但在许多实际问题中,因涉及多方面的因素,我们往往需要研究因变量的值依赖于几个自变量的数学模型. 例如某种商品的需求量不仅与该商品的市场价格有关,还与消费者的收入和其他相关商品的价格有关,从而决定该商品需求量的自变量不是一个而是多个. 要全面研究这类问题,就需要引入多元函数的概念.

本章在一元函数微分学的基础上,讨论多元函数的微分法及其应用,我们将以二元函数为主,介绍多元函数的微分法.

1.1 空间解析几何基本知识

空间解析几何是利用代数方法来研究空间几何图形的性质,其中最基本的方法是坐标法. 通过坐标法把空间中的点用有序数组(称之为该点的坐标)表示,从而空间图形也就与代数方程对应起来,于是利用代数方法通过方程来研究空间中几何图形的性质. 正如平面解析几何知识对学习一元微积分学是必不可少的,空间解析几何知识是学习多元微积分学所必备的知识背景.

未经特别说明,本节均在实数域的范围内讨论.

1.1.1 空间直角坐标系

实数与数轴上的点是一一对应的,有序数对 (x,y) 与平面上的点之间有一一对应关系;类似地,建立空间直角坐标系后,可以使空间中的点与三元有序数组 (x,y,z) 之间有一一对应关系.

空间中取一定点 O,以 O 为原点作三条相互垂直的数轴并且它们有相同的单位长度,这三条数轴分别记为 x 轴(横轴),y 轴(纵轴),z 轴(竖轴),统称为**坐标轴**,通常把 x 轴和 y 轴配置在水平面上,而 z 轴在铅垂线上,而且它们的正方向依照右手规则,即以右手握住 z 轴,当四个手指从 x 轴的正向转过 $\frac{\pi}{2}$ 角度后指向 y 轴的正向时,大拇指所指的方向为 z 轴的正向(图 1-1). 这样三条坐标轴就建立了空间直角坐标系,记为 $Oxyz$,点 O 称为**坐标原点**.

空间直角坐标系中任意两条坐标轴可以确定一个平面，这样确定出的三个平面称为**坐标面**．由 x 轴和 y 轴确定的坐标面称为 xOy 面，由 y 轴和 z 轴确定的坐标面称为 yOz 面，由 z 轴和 x 轴确定的坐标面称为 zOx 面．三个坐标面把整个空间分成八个卦限（图 1 -2）.

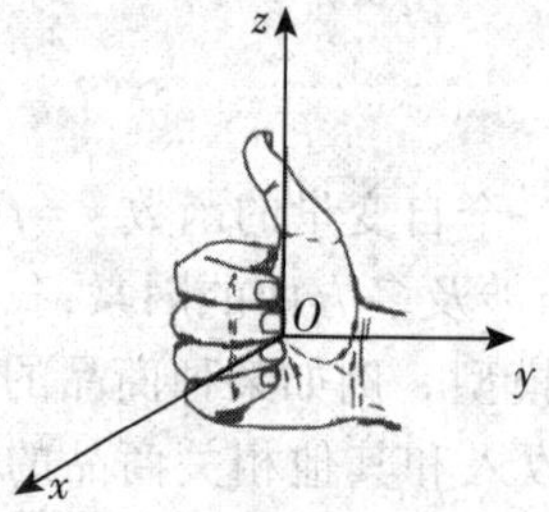

图 1 -1

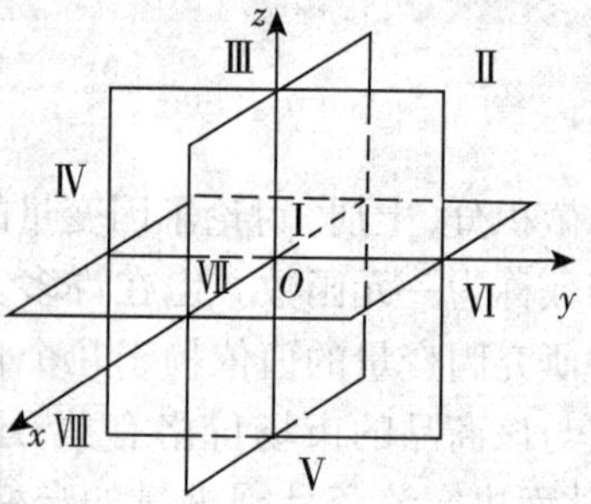

图 1 -2

设 M 是空间中一点，过点 M 作三个平面分别垂直于 x 轴，y 轴和 z 轴，它们与 x 轴，y 轴和 z 轴的交点依次为 P,Q,R（图 1 -3），这三点在 x 轴，y 轴、z 轴上的坐标依次为 x,y,z. 于是空间中点 M 就唯一确定了一个有序数组 (x,y,z)；反过来，已知一个有序数组 (x,y,z)，我们可以在轴上取坐标为 x 的点 P，在 y 轴上取坐标为 y 的点 Q，在 z 轴上取坐标为 z 的点 R，然后通过 P、Q 和 R 分别作 x 轴，y 轴和 z 轴的垂直平面，这三个垂直平面的交点 M 就是由有序数组 (x,y,z) 所确定的空间中的唯一点．这样就建立了空间点 M 与有序数组 (x,y,z) 之间的一一对应关系．该数组 (x,y,z) 称为点 M 的**坐标**，记为 $M(x,y,z)$，并称 x、y、z 分别为点 M 的**横坐标、纵坐标、竖坐标**．

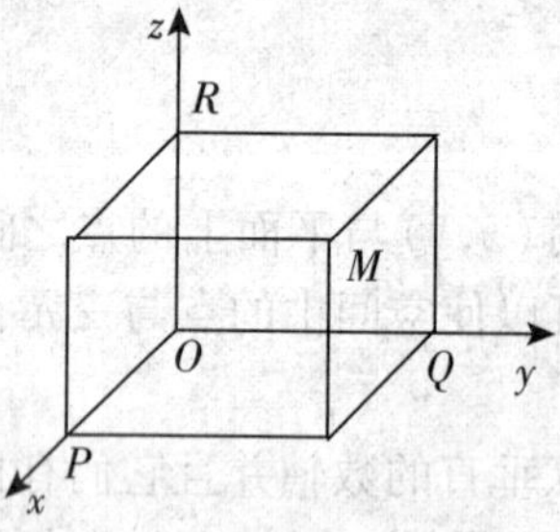

图 1 -3

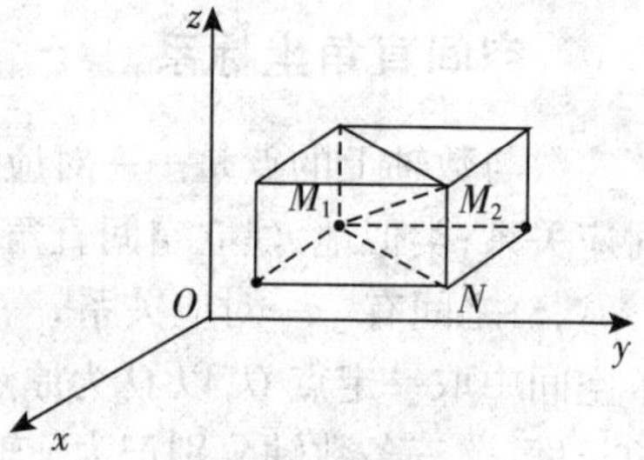

图 1 -4

坐标面和坐标轴上的点，其坐标各有一定的特征．例如，如果点 M 在 xOy 面上，则 $z=0$；同样，点 M 在 yOz 面上，则 $x=0$；点 M 在 zOx 面上，则 $y=0$. 如果点 M 在 x 轴上，则 $y=z=0$；同样，点 M 在 y 轴上，则 $x=z=0$；点 M 在 z 轴上,则 $x=y=0$. 如果 M 为坐标原点 O,则 $x=y=z=0$.

1.1.2 空间两点间的距离

设 $M_1(x_1,y_1,z_1)$ 和 $M_2(x_2,y_2,z_2)$ 为空间任意两点,在图 1-4 中,因为 $\triangle M_1NM_2$ 为直角三角形,且有

$$\left|M_1N\right| = \sqrt{(x_2-x_1)^2+(y_2-y_1)^2}$$

$$\left|NM_2\right| = \left|z_2-z_1\right|$$

于是得到两点 M_1 和 M_2 之间的距离公式

$$\left|M_1M_2\right| = \sqrt{(x_2-x_1)^2+(y_2-y_1)^2+(z_2-z_1)^2}$$

特别地,点 $M(x,y,z)$ 与坐标原点 $O(0,0,0)$ 的距离公式为

$$\left|OM\right| = \sqrt{x^2+y^2+z^2}$$

例 1.1.1 在 z 轴上求一点 M,使该点与点 $A(-4,1,7)$ 和点 $B(3,5,-2)$ 的距离相等.

解 因为所求点在 z 轴上,所以设该点为 $M(0,0,z)$,由题意有

$$\left|MA\right| = \left|MB\right|$$

即

$$\sqrt{(-4)^2+1^2+(7-z)^2} = \sqrt{3^2+5^2+(-2-z)^2}$$

两边平方,解得 $z=\frac{14}{9}$,于是所求点为 $M(0,0,\frac{14}{9})$.

在实数轴上,实数 x 表示一个点. 在平面中,两个数组成的有序数对 (x,y) 表示一个点. 在空间中,三个数组成的有序数组 (x,y,z) 表示一个点. 由此,我们可以推广到四个数组成的有序数组 (x_1,x_2,x_3,x_4) 表示四维空间中的点. 一般地,n 个数组成的有序数组 $(x_1,x_2,x_3,\cdots,x_n)$ 称为 n 维空间中的点,并用 R^n 表示 n 维空间.

1.1.3 空间曲面与方程

1.1.3.1 曲面的一般方程

与平面解析几何相仿,空间解析几何利用空间坐标法,把由空间中的点构成的几何图形——曲面和代数方程联系起来.

我们知道,当取定平面直角坐标系 xOy 后,对于坐标平面上的一条曲线,可以用一个二元方程

$$F(x,y)=0 \text{ 或 } y=f(x)$$

来表示. 即曲线上的任意一点的坐标满足该方程. 反过来,满足方程的任意一个解构成的有序数对一定是曲线上某一点的坐标.

对于空间中的曲面，当建立空间直角坐标系 $Oxyz$ 后，如果曲面 Σ 上的任意点 $M(x,y,z)$ 的坐标与一个三元方程

$$F(x,y,z)=0 \text{ 或 } z=f(x,y) \tag{1.1.1}$$

有如下关系：

(1) 曲面 Σ 上的任意点的坐标都满足方程(1.1.1)；

(2) 满足方程(1.1.1)的任意一个解构成的有序数组 (x,y,z) 一定是曲面 Σ 上某一点的坐标.

则称方程(1.1.1)是曲面 Σ 的方程，而曲面 Σ 是方程(1.1.1)的图形(图 1-5).

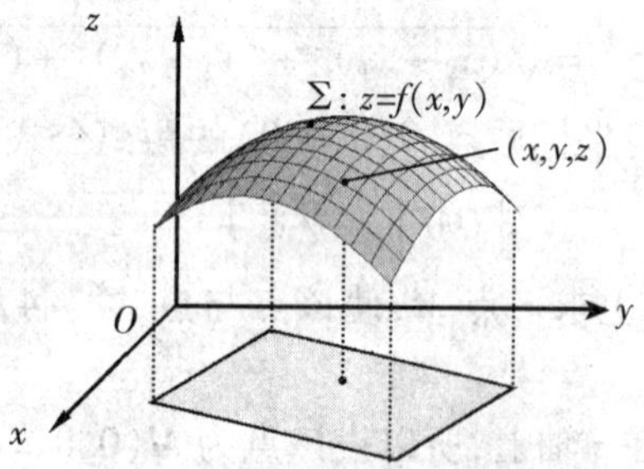

图 1-5

1.1.3.2 常见曲面

多元微积分学中经常用到的空间曲面有平面、球面、柱面、旋转曲面和二次曲面等.

(1) 平面

例 1.1.2 求连接两点 $A(1,2,3)$ 和 $B(2,-1,4)$ 的线段的垂直平分面方程.

解 垂直平分面可以看作是到两定点 $A(1,2,3)$ 和 $B(2,-1,4)$ 的距离相等的点 $M(x,y,z)$ 的轨迹，因此

$$|AM|=|BM|$$

由两点间的距离公式得

$$\sqrt{(x-1)^2+(y-2)^2+(z-3)^2}=\sqrt{(x-2)^2+(y+1)^2+(z-4)^2},$$

化简得到三元一次方程

$$2x-6y+2z-7=0.$$

从几何学知，点 M 的轨迹是线段 AB 的垂直平分面，因此，上述的三元一次方程就是这个平面的方程.

一般地，三元一次方程

$$Ax+By+Cz+D=0 \tag{1.1.2}$$

表示空间中的平面，其中 A,B,C,D 为任意常数且 A,B,C 不全为零，这是空间平面的**一般方程**.

特殊的三元一次方程对应特殊的平面：

当 $D=0$ 时，方程(1.1.2)为 $Ax+By+Cz=0$，表示过原点的平面；

当 $A=0$ 时，方程(1.1.2)为 $By+Cz+D=0$，表示一个平行于 x 轴的平面；同样的，方程 $Ax+Cz+D=0$ 和 $Ax+By+D=0$ 分别表示平行于 y 轴，z 轴的平面.

当 $A=B=0$ 时，方程(1.1.2)为 $Cz+D=0$，表示一个平行于 xOy 坐标面的平面；同样的，方程 $Ax+D=0$ 和 $By+D=0$ 分别表示平行于 yOz 坐标面，zOx 坐标面的平面.

当 $A=B=D=0$ 时，方程(1.1.2)为 $z=0$，表示 xOy 坐标面；同样的，方程 $x=0$ 和 $y=0$ 分别表示 yOz 坐标面，zOx 坐标面.

(2) 球面

例 1.1.3 建立球心在点 $M_0(x_0,y_0,z_0)$，半径为 R 的球面的方程.

解 设 $M(x,y,z)$ 为球面上的任一点，那么

$$\left|M_0M\right|=R$$

由于

$$\left|M_0M\right|=\sqrt{(x-x_0)^2+(y-y_0)^2+(z-z_0)^2}$$

所以

$$\sqrt{(x-x_0)^2+(y-y_0)^2+(z-z_0)^2}=R$$

为所求的球面方程.

于是，我们得到以定点 $M_0(x_0,y_0,z_0)$ 为球心，半径为 R 的**球面的方程**为

$$(x-x_0)^2+(y-y_0)^2+(z-z_0)^2=R^2$$

该方程可以写成下述形式

$$x^2+y^2+z^2+Ax+By+Cz+D=0,$$

其中

$$A=-2x_0,B=-2y_0,C=-2z_0,D=x_0^2+y_0^2+z_0^2-R^2$$

这是一个三元二次方程，没有交叉项，平方项系数相同.

特别地，球心在坐标原点 $O(0,0,0)$，半径为 R 的球面方程为

$$x^2+y^2+z^2=R^2$$

(3) 柱面

定义 1.1.1 在空间中，一条直线 l 沿着一条定曲线 Γ 平行移动所生成的曲面称为**柱面**(图 1-6). 直线 l 称为柱面的**母线**，定曲线 Γ 称为柱面的**准线**.

我们经常讨论母线平行于坐标轴的柱面. 若准线是 xOy 面上的曲线

$$\Gamma:\begin{cases}F(x,y)=0\\ z=0\end{cases},$$

则母线平行于 z 轴的柱面方程为

$$F(x,y)=0$$

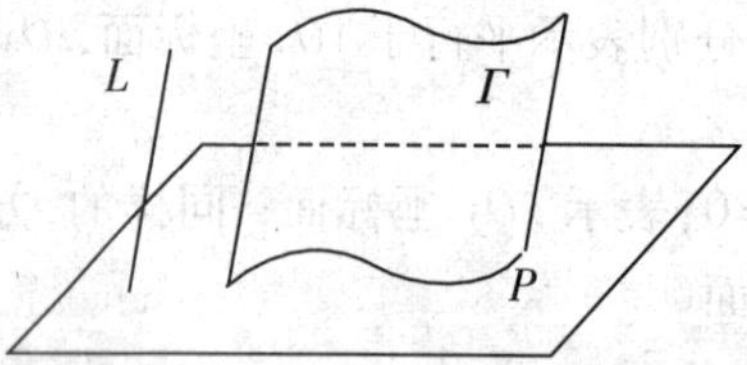

图 1-6

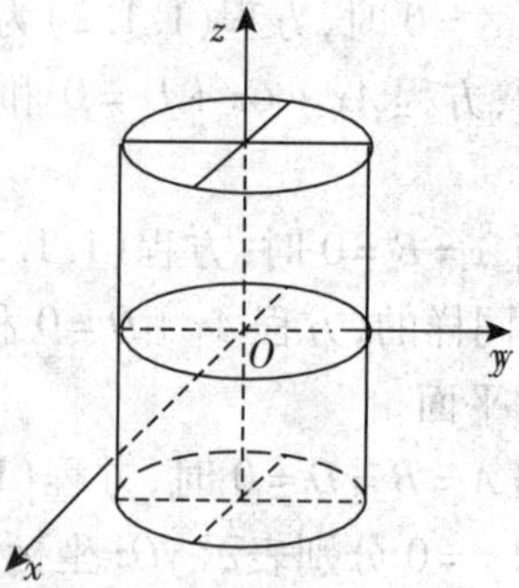

图 1-7

于是,在空间直角坐标系中,只含 x,y 而缺 z 的方程 $F(x,y)=0$ 表示母线平行于 z 轴的柱面. 例如,方程

$$\frac{x^2}{a^2}+\frac{y^2}{b^2}=1(a>b),\frac{x^2}{a^2}-\frac{y^2}{b^2}=1(a>b)$$

分别表示母线平行于 z 轴的**椭圆柱面**(图 1-7),**双曲柱面**(图 1-8). 而方程 $x^2=2pz(p>0)$ 表示母线平行于 y 轴的**抛物柱面**(图 1-9).

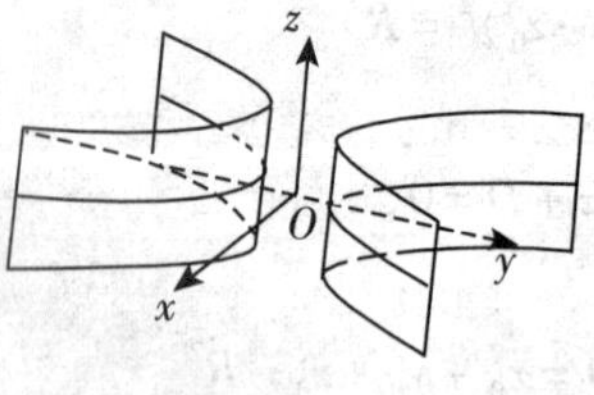

图 1-8

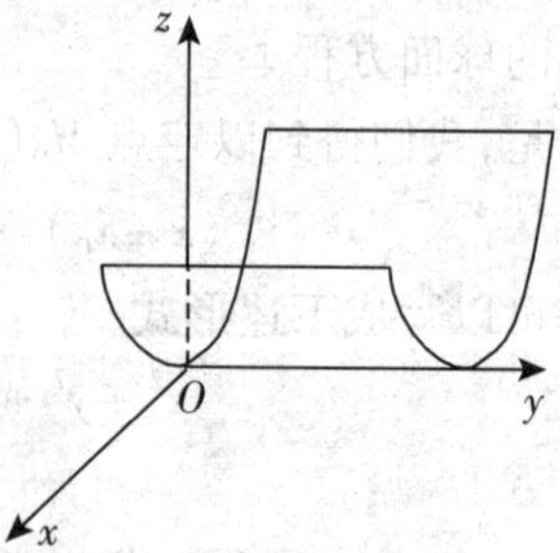

图 1-9

(4)旋转曲面

定义 1.1.2 一条平面曲线 Γ 绕着该平面上的一条定直线 l 旋转一周所形成的曲面称为**旋转曲面**. 定直线 l 称为**旋转轴**,平面曲线 Γ 称为**母线**.

我们经常讨论旋转轴为坐标轴,母线为坐标面上的曲线的旋转曲面. 若母线为 yOz 面上的曲线

$$\Gamma:\begin{cases}F(y,z)=0\\x=0\end{cases}$$

其绕着 z 轴旋转一周生成旋转曲面(图 1－10)的方程为

$$F(\pm\sqrt{x^2+y^2},z)=0$$

一般地,当坐标面上的曲线 Γ 绕着该坐标面上的一条坐标轴旋转时,为了求出这个旋转曲面的方程,只要将曲线 Γ 的方程中保留和旋转轴同名的坐标,而用其他两个坐标平方和的平方根来代替方程中的另一坐标即可.

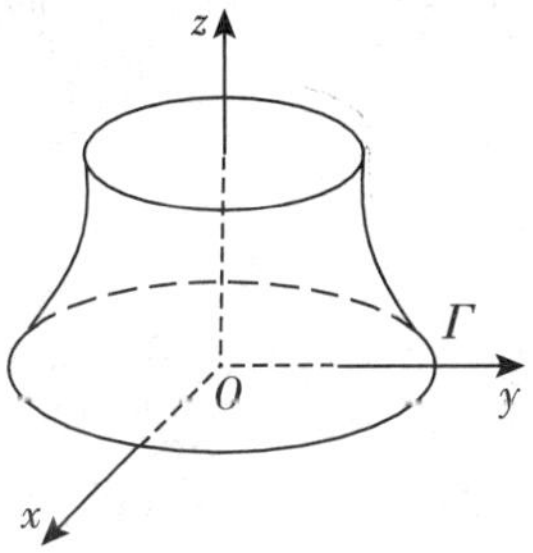

图 1－10

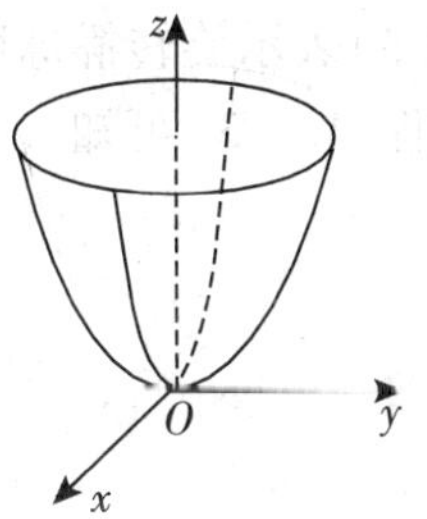

图 1－11

例如,yOz 面上的抛物线 $y^2=2pz(p>0)$ 绕着 z 轴旋转或者 xOz 面上的抛物线 $x^2=2pz(p>0)$ 绕着 z 轴旋转而成的旋转曲面方程

$$x^2+y^2=2pz$$

称为**旋转抛物面**(图 1－11).

类似地,方程 $\frac{x^2}{a^2}+\frac{y^2+z^2}{b^2}=1$ 表示**旋转椭球面**;方程 $x^2+y^2=a^2z^2$ 表示**圆锥面**(图 1－12).

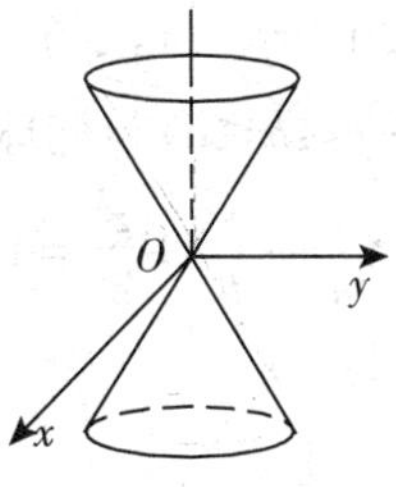

图 1－12

(5)二次曲面

在例 1.1.3 中,我们给出了没有交叉项,平方项系数相同的特殊三元二次方程是空间球面的方程. 三元二次方程所表示的曲面,我们称为**二次曲面**. 球面是一类特殊的二次曲面. 对于一般三元二次方程所表示的曲面形状,很难用

描点的方法得到．但是，我们可以用坐标面以及平行于坐标面的平面去截割该曲面，当平面平行移动时来观察和想象曲面的大致形状，从而大概了解曲面的全貌，这种方法称为**截割法**．

例 1.1.4 用截割法作椭球面

$$\frac{x^2}{a^2}+\frac{y^2}{b^2}+\frac{z^2}{c^2}=1 \quad (a,b,c>0) \tag{1.1.3}$$

的图形．

解 当 $a=b=c$ 时，方程(1.1.3)表示球面；当 a,b,c 中有两个半轴相等时，方程(1.1.3)表示旋转椭球面．

由方程(1.1.3)可知

$$\frac{x^2}{a^2}\leqslant 1,\frac{y^2}{b^2}\leqslant 1,\frac{z^2}{c^2}\leqslant 1$$

得

$$|x|\leqslant a,\ |y|\leqslant b,\ |z|\leqslant c$$

说明椭球面上的所有点都在以平面 $x=\pm a,y=\pm b,z=\pm c$ 为界限的长方体内．

下面考察椭球面与坐标面以及平行于坐标面的平面的**截痕**．

方程(1.1.3)中令 $z=0$，得到椭球面与 xOy 面的截线为椭圆

$$\begin{cases}\dfrac{x^2}{a^2}+\dfrac{y^2}{b^2}=1\\ z=0\end{cases}$$

同理，与 yOz,zOx 面的截线分别为

$$\begin{cases}\dfrac{y^2}{b^2}+\dfrac{z^2}{c^2}=1\\ x=0\end{cases},\begin{cases}\dfrac{x^2}{a^2}+\dfrac{z^2}{c^2}=1\\ y=0\end{cases}$$

用平行于 xOy 面的平面 $z=h(-c\leqslant h\leqslant c)$ 与椭球面相截，截线为

$$\begin{cases}\dfrac{x^2}{a^2}+\dfrac{y^2}{b^2}+\dfrac{z^2}{c^2}=1\\ z=h\end{cases}$$

即

$$\begin{cases}\dfrac{x^2}{a^2\left(1-\dfrac{h^2}{c^2}\right)}+\dfrac{y^2}{b^2\left(1-\dfrac{h^2}{c^2}\right)}=1\\ z=h\end{cases}$$

这是以 $a\sqrt{1-\dfrac{h^2}{c^2}}$ 与 $b\sqrt{1-\dfrac{h^2}{c^2}}$ 为半轴的椭圆，且在与 xOy 面平行的平面 $z=h$ 上．

当 $h=0$ 时,截线在 xOy 面上,且所截得的椭圆最大;当 $|h|$ 由零逐渐增大时,两个半轴逐渐减小,椭圆逐渐收缩;当 $|h|=c$ 时,椭圆收缩为两个点 $(0,0,\pm c)$;当 $|h|>c$ 时,无截痕.

同理,分别用平行于 yOz 面和 zOx 面的平面截椭球面,也有同样的结果.

椭球面的图形见图 1-13.

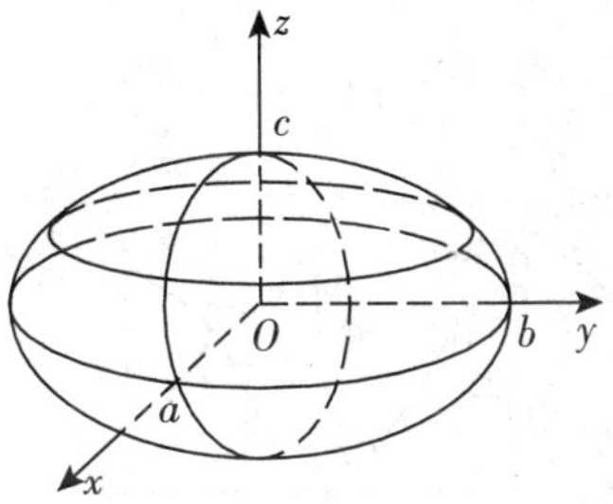

图 1-13

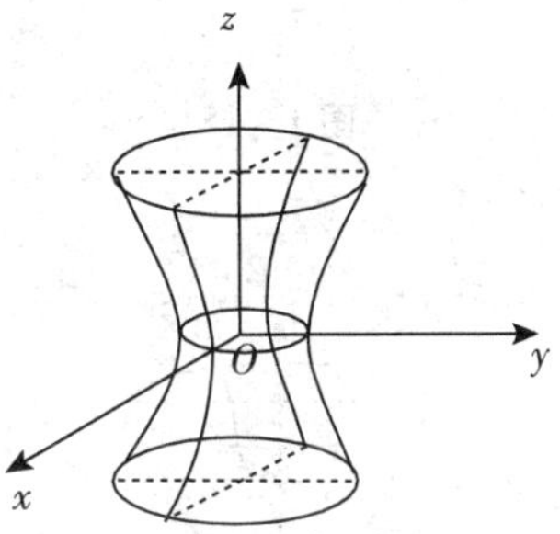

图 1-14

类似地,可以利用截痕法讨论其他二次曲面的图形.

常见的二次曲面及其图形:

椭球面

$$\frac{x^2}{a^2}+\frac{y^2}{b^2}+\frac{z^2}{c^2}=1 \quad (a,b,c>0)\text{见图 1-13.}$$

单叶双曲面

$$\frac{x^2}{a^2}+\frac{y^2}{b^2}-\frac{z^2}{c^2}=1 \quad (a,b,c>0)\text{见图 1-14.}$$

双叶双曲面

$$\frac{x^2}{a^2}+\frac{y^2}{b^2}-\frac{z^2}{c^2}=-1 \quad (a,b,c>0)\text{见图 1-15.}$$

椭圆锥面

$$\frac{x^2}{a^2}+\frac{y^2}{b^2}=z^2 \quad (a,b>0)\text{见图 1-16}$$

椭圆抛物面

$$\frac{x^2}{a^2}+\frac{y^2}{b^2}=2pz \quad (a,b,c>0,p\neq 0)\text{见图 1-17.}$$

双曲抛物面(或马鞍面)

$$\frac{x^2}{a^2}-\frac{y^2}{b^2}=2pz \quad (a,b>0,p\neq 0)\text{见图 1-18.}$$

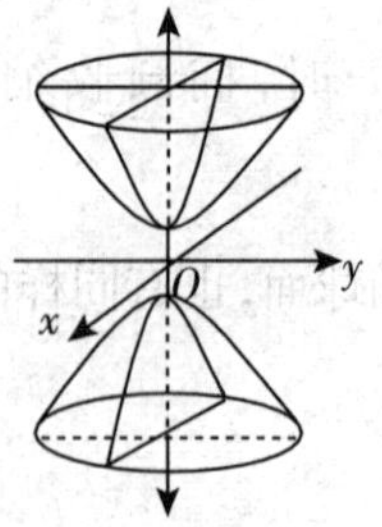

图 1 - 15

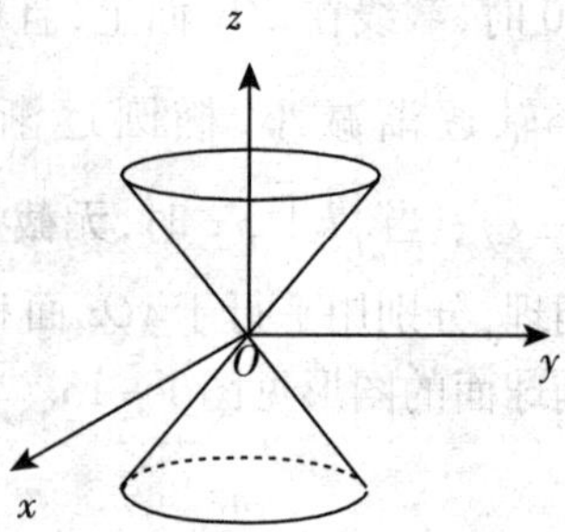

图 1 - 16

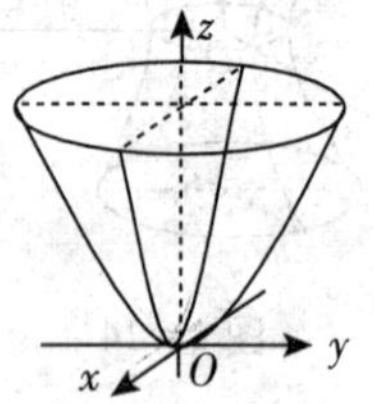

图 1 - 17

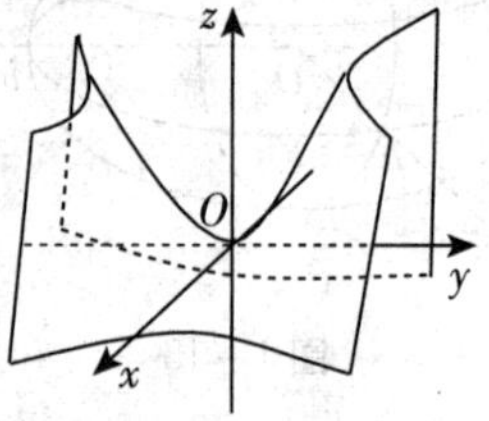

图 1 - 18

在二重积分的计算中,经常需要确定一个空间立体或空间曲面在坐标面上的投影区域.

例 1.1.5 由上半球面 $z=\sqrt{4-x^2-y^2}$ 和圆锥面 $z=\sqrt{3(x^2+y^2)}$ 围成一个立体,求它在 xOy 面上的投影区域.

解 将上半球面和圆锥面的方程联立得到方程组

$$\begin{cases} z=\sqrt{4-x^2-y^2} \\ z=\sqrt{3(x^2+y^2)} \end{cases}$$

在该方程组中,消去 z,得到 $x^2+y^2=1$. 这是准线为

$$\begin{cases} x^2+y^2=1 \\ z=0 \end{cases}$$

母线平行于 z 轴的柱面,且它在 xOy 面上的投影是 xOy 面上的一个圆. 所以,两个已知曲面围成的立体在 xOy 面上的投影区域为:

$$x^2+y^2\leqslant 1$$

习题 1.1

1. 在空间直角坐标系中,指出下列各点在哪个卦限?

$A(1,-2,3)$,$B(2,3,-4)$,$C(2,-3,-4)$,$D(-2,-3,1)$.

2. 求与点(a,b,c)对称的点的坐标:

(1)关于各坐标面;(2)关于各坐标轴;(3)关于坐标原点.

3. 在 yOz 面上,求与三个已知点 $A(3,1,2)$,$B(4,-2,-2)$,$C(0,5,1)$等距的点.

4. 求下列旋转曲面的方程:

(1)坐标面 xOz 上的抛物线 $z^2=5x$ 绕 x 轴旋转一周所生成的旋转曲面的方程;

(2)坐标面 xOz 上的圆 $x^2+z^2=9$ 绕 z 轴旋转一周所生成的旋转曲面的方程;

(3)坐标面 xOz 上的双曲线 $4x^2-9y^2=36$ 分别绕 x,y 轴旋转一周所生成的旋转曲面的方程.

5. 指出下列方程在平面中和在空间中分别表示的图形.

(1)$x=2$; (2)$y=x+1$;

(3)$x^2+y^2=4$; (4)$x^2-y^2=1$.

6. 画出下列各曲面所围成的立体的图形.

(1)$x=0$, $y=0$, $z=0$, $x=2$, $y=1$, $3x+4y+2z-12=0$;

(2)$x=0$, $z=0$, $x=1$, $y=2$, $z=\dfrac{y}{4}$;

(3)$z=0$, $z=3$, $x-y=0$, $x-\sqrt{3}y=0$, $x^2+y^2=1$(在第一卦限内);

(4)$x=0$, $y=0$, $z=0$, $x^2+y^2=R^2$, $y^2+z^2=R^2$(在第一卦限内).

1.2 多元函数的基本概念

1.2.1 平面区域

由平面解析几何知道,通过平面直角坐标系的建立,平面上的点与二元有序实数对(x,y)之间建立了一一对应的关系,这种建立了坐标系的平面称为**坐标平面**. 全体二元有序实数组(x,y)所构成的集合称为二维空间,记作 R^2,即

$$R^2=\{(x,y)\mid x,y\in R\}$$

表示坐标平面.

坐标平面上具有某种性质 P 的点的集合称为**平面点集**,记作

$$E=\{(x,y)\mid(x,y)\text{具有性质}P\}$$

例如,平面上以原点为圆心、r 为半径的圆内所有点的集合是

$$E=\{(x,y)\mid x^2+y^2<r^2\}$$

若我们用 M 表示 (x,y),则 $|OM|$ 表示点 M 到原点 O 的距离,那么集合 E 也可表示为

$$E=\{M\mid |OM|<r\}$$

下面我们来引入 R^2 中邻域的概念.

邻域 设 $P_0(x_0,y_0)\in R^2$,实数 $\delta>0$,称 R^2 中与点 P_0 的距离小于 δ 的点 $P(x,y)$ 组成的平面点集

$$U(P_0,\delta)=\{(x,y)\mid\sqrt{(x-x_0)^2+(y-y_0)^2}<\delta\}$$

为点 P_0 的 δ **邻域**.

显然,$U(P_0,\delta)$ 就是坐标平面上以点 P_0 为圆心,以 $\delta>0$ 为半径的圆内所有点的集合.

$U(P_0,\delta)$ 中除去点 P_0 后所剩的点构成的集合称为点 P_0 的去心 δ 邻域,记作 $\mathring{U}(P_0,\delta)$,即

$$\mathring{U}(P_0,\delta)=\{(x,y)\mid 0<\sqrt{(x-x_0)^2+(y-y_0)^2}<\delta\}$$

内点、开集 设 D 为 xOy 平面上任意一个平面点集,且点 $P\in D$. 如果存在点 P 的某个邻域 $U(P)$ 完全包含在 D 中,即 $U(P)\subset D$,则称 P 为点集 D 的内点;若点集 D 的每一点都是 D 的内点,则称 D 为开集.

边界点、边界 设 D 为 xOy 平面上任意一个平面点集. 如果点 P 的任一邻域 $U(P)$ 内既含有属于 D 的点,又含有不属于 D 的点,则称 P 为点集 D 的边界点;D 的边界点的全体称为点集 D 的边界.

区域、闭区域 设 D 为 xOy 平面上的一个开集,如果 D 中任何两点 M_1 和 M_2 都可用有限条直线段所组成的折线连接起来,且这些折线全部包含在 D 中,则称 D 为**连通区域**,简称**区域或开区域**;一个区域加上它的边界所构成的集合,称为**闭区域**.

有界区域、无界区域 如果存在 $M>0$,使得 $D\subset U(O,M)$(即 D 全部被包含在原点 O 的一个 M 邻域内),则称 D 为有界区域,否则称 D 为无界区域.

1.2.2 多元函数

1.2.2.1 二元函数的定义

定义 1.2.1 设非空点集 $D\subset R^2$,对于 D 中每一个有序数组 (x,y),依某一对应法则 f 都有唯一确定的实数 z 与之对应,则称此法则 f 为定义在 D 上的**二元函数**,记作

$$z=f(x,y),(x,y)\in D$$

或

$$z=f(P),P(x,y)\in D$$

其中变量 x,y 称为**自变量**，变量 z 称为**因变量**；因变量 z 也称为自变量 (x,y) 的函数；集合 D 称为函数 f 的**定义域**．

若 $(x_0,y_0)\in D$，与 (x_0,y_0) 所对应的 z 的数值，称为函数 $z=f(x,y)$ 在点 (x_0,y_0) 的函数值，记作

$$f(x_0,y_0) \text{ 或 } z\Big|_{(x_0,y_0)}$$

全体函数值的集合 $Z=\{z\mid z=f(x,y),(x,y)\in D\}$ 称为函数 f 的**值域**，记为 $Z(f)$．

与一元函数一样，定义域 D、对应法则 f、值域 $Z(f)$ 是确定二元函数的三个因素，而定义域及对应法则是构成函数的要素．

类似可定义一般的 n 元函数 $u=f(x_1,x_2,\cdots,x_n)$．

二元及二元以上的函数统称为多元函数；本章主要讨论二元函数．

例 1.2.1 求下列函数的定义域 D，并画出 D 的图形．

(1) $z=\sqrt{1-|x|-|y|}$；

(2) $z=\ln(x+y)$；

(3) $z=\sqrt{4-x^2-y^2}+\dfrac{1}{\sqrt{x^2+y^2-1}}$．

解 (1) 要使函数有意义，则必有 $|x|+|y|\leqslant 1$，即函数定义域为

$$D=\{(x,y)\mid |x|+|y|\leqslant 1\}$$

如图 1-19，这是有界的闭区域．

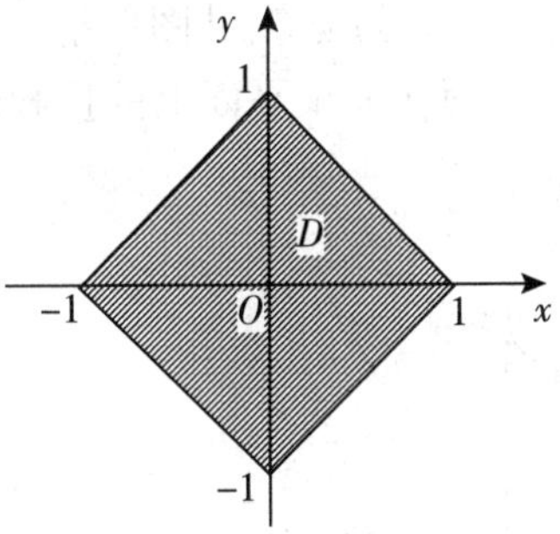

图 1-19

(2) 要使函数有意义，则必有 $x+y>0$，即函数定义域为

$$D=\{(x,y)\mid x+y>0\}$$

如图 1-20，这是无界的开区域．

(3) 要使函数有意义，则必有$\begin{cases}4-x^2-y^2\geqslant 0\\x^2+y^2-1>0\end{cases}$，即 $1<x^2+y^2\leqslant 4$，则函数定义域为

$$D=\{(x,y)\mid 1<x^2+y^2\leqslant 4\}$$

如图 1－21，这是有界的区域，既非开区域，又非闭区域．

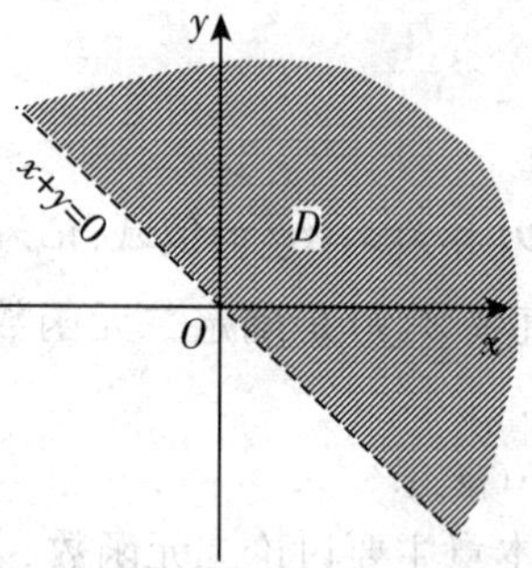

图 1－20

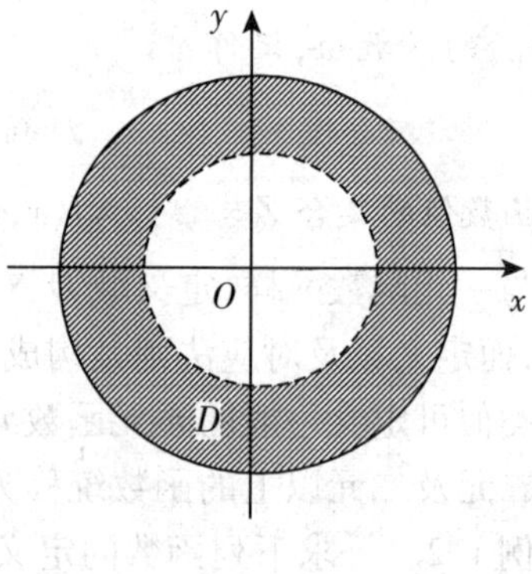

图 1－21

1.2.2.2　二元函数的几何意义

对二元函数 $z=f(x,y)$，$(x,y)\in D$，给定 D 中的任意一点 $P(x,y)$，则有相应的函数值 $z=f(x,y)$ 与之对应．从而三元有序数组 (x,y,z) 就确定了空间中的一个点 $M(x,y,z)$，当点 P 在区域 D 中移动，并经过 D 中所有点时，就得到一个空间点集

$$\{(x,y,z)\mid z=f(x,y),(x,y)\in D\}$$

这个点集称为二元函数 $z=f(x,y)$ 的**图形**（如图 1－22）．

对于二元函数 $z=f(x,y)$，$(x,y)\in D$，其图形是空间直角坐标系下的一张空间曲面，其定义域 D 就是该曲面在 xOy 平面上的投影区域（如图 1－22 所示）．

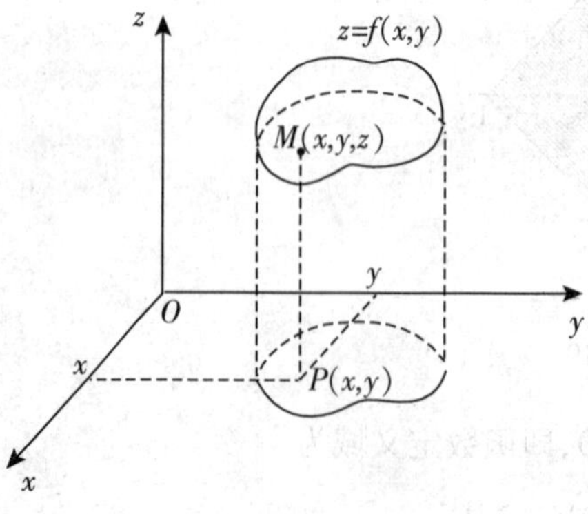

图 1－22

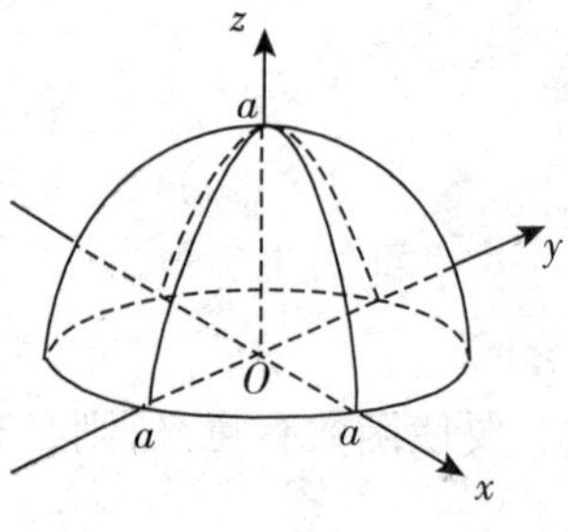

图 1－23

例 1.2.2　二元函数 $z=\sqrt{a^2-x^2-y^2}(a>0)$ 的图形是球心在原点，半径为 a 的上半球面，其定义域 $D=\{(x,y)\mid x^2+y^2\leqslant a^2\}$ 为球面在 xOy 平面上的投影区域(如图 1－23 所示).

1.2.3　二元函数的极限与连续性

设点 $P_0(x_0,y_0)$ 与点 $P(x,y)$ 是 xOy 平面上的两个相异点. 点 P 趋于点 P_0，可记作

$$P(x,y)\to P_0(x_0,y_0)$$

也记作 $P\to P_0$，即点 P 与点 P_0 之间的距离

$$\rho=|PP_0|=\sqrt{(x-x_0)^2+(y-y_0)^2}\to 0$$

一元函数的极限问题是考察当自变量 $x\to x_0$ 时，相应函数值的变化趋势；同样，考察定义在区域 D 上的二元函数 $z=f(x,y)$，当 $P(x,y)\in D$ 且

$$P(x,y)\to P_0(x_0,y_0)$$

时，相应函数值的变化趋势，就是二元函数的极限问题.

如果在 $P\in D$ 且 $P\to P_0$ 的过程中，相应的函数值 $f(x,y)$ 总是趋于一个常数 A，我们就称 A 为函数 $f(x,y)$ 当 $P\to P_0$ 时的**极限**，记作

$$\lim_{P\to P_0}f(P)=A$$

下面用"$\varepsilon-\delta$"语言描述这个极限概念.

定义 1.2.2　如果存在常数 A，对于任意给定的 $\varepsilon>0$，总存在 $\delta>0$，使得满足不等式 $0<\rho=\sqrt{(x-x_0)^2+(y-y_0)^2}<\delta$ 的一切 (x,y)，有

$$|f(x,y)-A|<\varepsilon$$

恒成立，则称当 $P(x,y)\to P_0(x_0,y_0)$ 时，函数 $f(x,y)$ 以 A 为极限，记作

$$\lim_{(x,y)\to(x_0,y_0)}f(x,y)=A$$

注　相对于一元函数的极限，我们称二元函数的极限为二重极限.

例 1.2.3　证明 $\lim\limits_{(x,y)\to(3,2)}(x+2y)=7$.

证明　函数 $f(x,y)=x+2y$ 的定义域为 $D=R^2$. 因为

$$|f(x,y)-7|=|(x+2y)-7|=|(x-3)+2(y-2)|$$

所以

$$|f(x,y)-7|\leqslant|x-3|+2|y-2|\leqslant 3\sqrt{(x-3)^2+(y-2)^2}$$

故对任意给定的 $\varepsilon>0$，要使 $|(x+2y)-7|<\varepsilon$，就只需取 $\delta=\frac{1}{3}\varepsilon$；则当

$$0<\rho=\sqrt{(x-3)^2+(y-2)^2}<\delta$$

时，恒有 $|(x+2y)-7|<\varepsilon$ 成立，所以

$$\lim_{(x,y)\to(3,2)}(x+2y)=7.$$

二重极限与一元函数极限具有相同的性质和运算法则，在此我们不再赘述.

例 1.2.4 求 $\lim\limits_{(x,y)\to(2,0)}\dfrac{y}{\sin xy}$.

解
$$\begin{aligned}\lim_{(x,y)\to(2,0)}\frac{y}{\sin xy}&=\lim_{(x,y)\to(2,0)}\left(\frac{xy}{\sin xy}\cdot\frac{1}{x}\right)\\&=\lim_{(x,y)\to(2,0)}\frac{xy}{\sin xy}\cdot\lim_{(x,y)\to(2,0)}\frac{1}{x}\\&=1\times\frac{1}{2}=\frac{1}{2}\end{aligned}$$

注 当 $P(x,y)\in D$ 且 $P(x,y)\to P_0(x_0,y_0)$ 时，函数 $f(x,y)$ 以 A 为极限，是指点 $P\in D$ 以任意方式趋于点 P_0 时，函数值都趋于同一个常数 A. 因此如果点 $P\in D$ 以某一特殊方式，例如沿着某条定直线或曲线趋于点 P_0 时，即使函数值 $f(x,y)$ 趋于常数 A，我们也不能由此断定函数 $f(x,y)$ 以 A 为极限.

但如果点 $P\in D$ 沿不同的路径趋于 P_0 时，函数趋于不同的值，那么函数在 P_0 处的极限一定不存在.

例 1.2.5 讨论函数

$$f(x,y)=\begin{cases}\dfrac{xy}{x^2+y^2}, & x^2+y^2\neq0\\ 0, & x^2+y^2=0\end{cases}$$

在点(0,0)处的极限.

解 函数的定义域为 $D=R^2$.

当点 $P(x,y)$ 沿 x 轴趋于点(0,0)，即当 $y=0,x\to0$ 时，有

$$\lim_{\substack{(x,y)\to(0,0)\\y=0}}f(x,y)=\lim_{x\to0}f(x,0)=\lim_{x\to0}0=0$$

当点 $P(x,y)$ 沿 y 轴趋于点(0,0)，即当 $x=0,y\to0$ 时，有

$$\lim_{\substack{(x,y)\to(0,0)\\x=0}}f(x,y)=\lim_{y\to0}f(0,y)=\lim_{y\to0}0=0$$

从而有

$$\lim_{\substack{(x,y)\to(0,0)\\y=0}}f(x,y)=\lim_{\substack{(x,y)\to(0,0)\\x=0}}f(x,y)=0$$

但 $\lim\limits_{(x,y)\to(0,0)}f(x,y)$ 不存在. 这是因为当点 $P(x,y)$ 沿着直线 $y=kx(k\neq0)$ 趋于点(0,0)，即当 $y=kx,x\to0$ 时，有

$$\lim_{\substack{(x,y)\to(0,0)\\y=kx}}f(x,y)=\lim_{x\to0}f(x,kx)=\lim_{x\to0}\frac{kx^2}{x^2+k^2x^2}=\frac{k}{1+k^2}$$

显然，随着 k 的取值不同，$\frac{k}{1+k^2}$的值也不同．

与一元函数中的连续与间断相类似，可以给出二元函数连续的定义．

定义 1.2.3　设二元函数 $z=f(x,y)$ 满足以下条件

(1) 在点 $P_0(x_0,y_0)$ 的某邻域 $U(P_0)$ 内有定义；

(2) 极限 $\lim\limits_{(x,y)\to(x_0,y_0)}f(x,y)$ 存在；

(3) $\lim\limits_{(x,y)\to(x_0,y_0)}f(x,y)=f(x_0,y_0)$.

则称函数 $f(x,y)$ 在点 $P_0(x_0,y_0)$ 处连续，否则，称函数 $f(x,y)$ 在点 $P_0(x_0,y_0)$ 处**不连续**或**间断**，称 $P_0(x_0,y_0)$ 为函数 $f(x,y)$ 的**间断点**．

如在例 1.2.3 中，函数 $f(x,y)=x+2y$ 在点(3,2)处的极限值等于函数在这点处的函数值 $f(3,2)=7$，所以函数在该点连续．在例 1.2.5 中，虽然函数 $f(x,y)$ 在点(0,0)处有定义，且 $f(0,0)=0$，但 $\lim\limits_{(x,y)\to(x_0,y_0)}f(x,y)$ 不存在，所以原点(0,0)是该函数的间断点．

如果函数 $f(x,y)$ 在区域 D 内的每一点都连续，则称函数 $f(x,y)$ 在区域 D 内连续，亦称函数 $f(x,y)$ 为区域 D 内的**连续函数**．

多元连续函数的和、差、积、商(当分母不为零)仍为连续函数；多元连续函数的复合函数也是连续函数(假定复合有意义)．

与一元初等函数相类似，**二元初等函数**是指由常数及具有不同自变量的一元基本初等函数经过有限次四则运算和复合运算而得到的．

例如，函数$\frac{xy}{x^2+y^2}$，$\sin(1+e^x+y)$等都是二元初等函数．

根据上面指出的连续函数的和、差、积、商的连续性以及连续函数的复合函数的连续性，再利用基本初等函数的连续性，我们有如下结论：

一切二元初等函数在其定义区域内是连续的(所谓定义区域是指包含在二元函数定义区域内的区域)．

由多元初等函数的连续性知：如果要求多元初等函数在其定义域内某点 P_0 处的极限，则其极限值就是函数在该点的函数值，即

$$\lim_{P\to P_0}f(P)=f(P_0)$$

例 1.2.6　求函数 $f(x,y)=\frac{\arcsin(3-x^2-y^2)}{\sqrt{x-y^2}}$的连续区域．

解　这是一个初等函数，其定义域为

$$\begin{cases}\left|3-x^2-y^2\right|\leqslant 1\\ x-y^2>0\end{cases}$$

故 $f(x,y)$ 的连续区域(如图 1-24)为

$$D=\{(x,y)\mid 2\leqslant x^2+y^2\leqslant 4 \text{ 且 } x>y^2\}$$

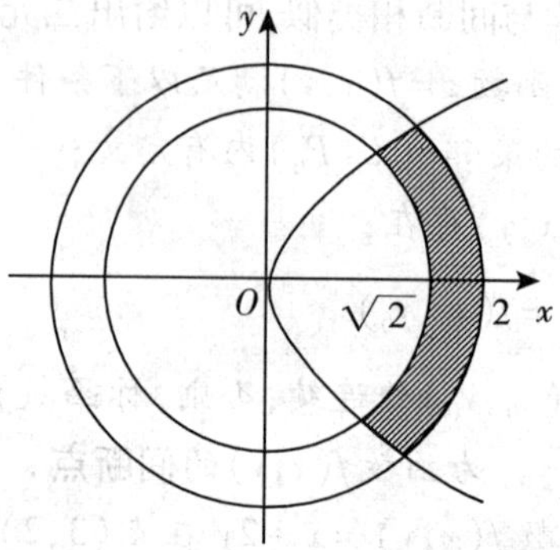

图 1-24

与闭区间上一元连续函数的性质相类似,有界闭区域 D 上的二元连续函数有如下性质:

定理 1.2.1(有界性定理) 有界闭区域 D 上连续的二元函数在 D 上一定有界.

定理 1.2.2(最大值最小值定理) 有界闭区域 D 上连续的二元函数在 D 上一定能取到其最大值和最小值.

定理 1.2.3(介值定理) 有界闭区域 D 上连续的二元函数在 D 上必能取得介于最大值和最小值之间的任何值.

二元函数极限的定义、连续性的定义可以完全平行地推广到二元以上的多元函数.

习题 1.2

1. 求下列函数的定义域并作出图形:

(1) $z=\ln(y^2-2x+1)$;

(2) $z=\dfrac{1}{\sqrt{x+y}}+\dfrac{1}{\sqrt{x-y}}$;

(3) $z=\dfrac{\sqrt{4x-y^2}}{\ln(1-x^2-y^2)}$;

(4) $z=\sqrt{x-\sqrt{y}}$.

2. 已知 $f(u,v,w)=u^w+w^{u+v}$,求 $f(x+y,x-y,xy)$.

3. 已知 $f(x,y)=x^3-2xy+3y^2$,求 $f\left(\dfrac{x}{y},\sqrt{xy}\right)$.

4. 已知$f(xy,\frac{y^2}{x})=x^2+y^2$,求$f(x,y)$.

5. 判断下列对二重极限$\lim\limits_{\substack{x\to 0\\ y\to 0}}\frac{xy}{x+y}$的各种算法是否正确？并给予说明.

法一 $\lim\limits_{\substack{x\to 0\\ y\to 0}}\frac{xy}{x+y}=\lim\limits_{\substack{x\to 0\\ y\to 0}}\frac{1}{\frac{1}{y}+\frac{1}{x}}=0$;

法二 令 $y=kx$,$\lim\limits_{\substack{x\to 0\\ y\to 0}}\frac{xy}{x+y}=\lim\limits_{x\to 0}x\cdot\frac{k}{1+k}=0$.

6. 证明下列极限不存在:

(1) $\lim\limits_{(x,y)\to(0,0)}\frac{x+y}{x-y}$

提示:考虑点(x,y)分别沿直线 $y=2x$ 和 $x=2y$ 趋向$(0,0)$点的情况;

(2) $\lim\limits_{(x,y)\to(0,0)}\frac{x^2y^2}{(x-y)^2}$

提示:考虑点(x,y)分别沿直线 $y=kx(k\neq 1)$和曲线 $y=x^2+x$ 趋向$(0,0)$点的情况.

7. 求下列各极限:

(1) $\lim\limits_{(x,y)\to(0,0)}\frac{3xy}{\sqrt{xy+1}-1}$;

(2) $\lim\limits_{(x,y)\to(1,0)}\frac{\ln(x+e^y)}{\sqrt{x^2+y^2}}$;

(3) $\lim\limits_{(x,y)\to(2,0)}\frac{\sin xy}{y}$;

(4) $\lim\limits_{(x,y)\to(0,0)}(x\sin\frac{1}{y}+y\cos\frac{2}{x})$.

8. 证明函数$f(x,y)=\begin{cases}\frac{xy}{\sqrt{x^2+y^2}}, & (x,y)\neq(0,0)\\ 0, & (x,y)=(0,0)\end{cases}$在全平面上连续.

9. 求下列函数的间断点:

(1)$z=\frac{1}{\sqrt{x^2+y^2}}$;

(2)$z=\frac{xy}{x+y}$;

(3)$z=\sin\frac{1}{xy}$;

(4)$z=\frac{1}{\sin x\sin y}$.

1.3 偏导数和全微分

1.3.1 偏导数

1.3.1.1 偏导数的定义

在一元函数中,我们从讨论函数的变化率引入了导数概念. 对于二元函数同样需要讨论它的变化率,但由于自变量多了一个,因变量与自变量的关系要比一元函数复杂得多. 这是因为在 xOy 平面上,点 $P_0(x_0,y_0)$ 可以沿着不同的方向变动,因而函数 $f(x,y)$ 就有沿着各个方向的变化率. 在这里我们仅限于讨论,当点 $P_0(x_0,y_0)$ 沿着平行于 x 轴和平行于 y 轴这两个特殊方向变动时,函数 $f(x,y)$ 的变化率问题,即固定 y 仅 x 变化和固定 x 仅 y 变化时,函数 $f(x,y)$ 的变化率问题. 这实际上是把二元函数作为一元函数来对待讨论变化率的问题,也是本小节要讨论的偏导数问题.

定义 1.3.1 设函数 $z=f(x,y)$ 在点 $P_0(x_0,y_0)$ 的某邻域 $U(P_0)$ 内有定义,当自变量 y 固定在 y_0,而自变量 x 在点 x_0 处有改变量 Δx($\Delta x\neq 0$,且点 $(x_0+\Delta x, y_0)\in U(P_0)$)时,称相应的函数 z 的改变量

$$\Delta_x z=f(x_0+\Delta x,y_0)-f(x_0,y_0)$$

为函数 $z=f(x,y)$ 在点 $P_0(x_0,y_0)$ 处对 x 的**偏改变量**;如果极限

$$\lim_{\Delta x\to 0}\frac{\Delta_x z}{\Delta x}=\lim_{\Delta x\to 0}\frac{f(x_0+\Delta x,y_0)-f(x_0,y_0)}{\Delta x}$$

存在,则称此极限值为函数 $z=f(x,y)$ 在点 (x_0,y_0) 处关于自变量 x 的**偏导数**,记作

$$f_x(x_0,y_0),\ \left.\frac{\partial f}{\partial x}\right|_{(x_0,y_0)} \text{或}\ z_x(x_0,y_0),\ \left.\frac{\partial z}{\partial x}\right|_{(x_0,y_0)}$$

类似地,如果极限

$$\lim_{\Delta y\to 0}\frac{\Delta_y z}{\Delta y}=\lim_{\Delta y\to 0}\frac{f(x_0,y_0+\Delta y)-f(x_0,y_0)}{\Delta y}$$

存在,则称此极限值为函数 $z=f(x,y)$ 在点 (x_0,y_0) 处关于自变量 y 的**偏导数**,记作

$$f_y(x_0,y_0),\ \left.\frac{\partial f}{\partial y}\right|_{(x_0,y_0)} \text{或}\ z_y(x_0,y_0),\ \frac{\partial z}{\partial y}\Big|(x_0,y_0)$$

当函数 $z=f(x,y)$ 在点 P_0 处关于自变量 x 和 y 的偏导数都存在时,则称函数 $f(x,y)$ 在点 $P_0(x_0,y_0)$ 处**可偏导**.

如果函数 $z=f(x,y)$ 在区域 D 内每点 (x,y) 处都可偏导,那么 $f(x,y)$ 关于 x 与 y 的偏导数仍然是 x 和 y 的二元函数,称它们为 $f(x,y)$ 的**偏导函数**,简称**偏**

导数,分别记作

$$f_x(x,y),\frac{\partial f}{\partial x},z_x,\frac{\partial z}{\partial x}$$

和

$$f_y(x,y),\frac{\partial f}{\partial y},z_y,\frac{\partial z}{\partial y}.$$

由偏导数的定义可知,一个多元函数关于某个自变量求偏导数,就是将其余自变量看作常数,而对该变量利用一元函数求导法即可求得. 即求$f_x(x,y)$时,只需将y视为常数,而对x求导;求$f_y(x,y)$时,只需将x视为常数,而对y求导即可.

二元函数偏导数的概念与计算可推广到二元以上的函数.

例 1.3.1 求函数$z=x^2-3xy+2y^3$在点(2,1)处的偏导数.

解 视y为常数,对x求导得

$$\frac{\partial z}{\partial x}=2x-3y$$

视x为常数,对y求导得

$$\frac{\partial z}{\partial y}=-3x+6y^2$$

将$x=2,y=1$代入上述的$\frac{\partial z}{\partial x}$和$\frac{\partial z}{\partial y}$,得

$$\frac{\partial z}{\partial x}\bigg|_{(2,1)}=1,\frac{\partial z}{\partial y}\bigg|_{(2,1)}=0$$

例 1.3.2 设$z=x^y(x>0,x\neq 1)$,试证$\frac{x}{y}\cdot\frac{\partial z}{\partial x}+\frac{1}{\ln x}\cdot\frac{\partial z}{\partial y}=2z.$

证明 视y为常数,对x求导得

$$\frac{\partial z}{\partial x}=yx^{y-1}$$

视x为常数,对y求导得

$$\frac{\partial z}{\partial y}=x^y\ln x$$

则

$$\begin{aligned}\frac{x}{y}\cdot\frac{\partial z}{\partial x}+\frac{1}{\ln x}\cdot\frac{\partial z}{\partial y}&=\frac{x}{y}\cdot yx^{y-1}+\frac{1}{\ln x}\cdot x^y\ln x\\&=x^y+x^y\\&=2z\end{aligned}$$

例 1.3.3 设$u=\ln(1+x+y^2+z^3)$,当$x=y=z=1$时,求$u_x+u_y+u_z$.

解 视y,z为常数,对x求导得

$$\frac{\partial u}{\partial x}=\frac{1}{1+x+y^2+z^3}$$

视 x,z 为常数,对 y 求导得

$$\frac{\partial u}{\partial y}=\frac{2y}{1+x+y^2+z^3}$$

视 x,y 为常数,对 z 求导得

$$\frac{\partial u}{\partial z}=\frac{3z^2}{1+x+y^2+z^3}$$

故

$$u_x+u_y+u_z\Big|_{x=y=z=1}=\frac{1+2y+3z^2}{1+x+y^2+z^3}\Big|_{x=y=z=1}=\frac{3}{2}$$

1.3.1.2　偏导数的几何意义

由一元函数 $y=f(x)$ 的导数的几何意义可知,函数的导数 $f'(x)$ 表示曲线 $y=f(x)$ 在点 (x_0,y_0) 处切线的斜率. 由偏导数的定义可知,二元函数 $z=f(x,y)$ 在点 (x_0,y_0) 处的偏导数就是该函数在点 $P_0(x_0,y_0)$ 处沿着平行于 x 轴和 y 轴方向的变化率,即

$$f_x(x_0,y_0)=\frac{df(x,y_0)}{dx}\Big|_{x=x_0},\ f_y(x_0,y_0)=\frac{df(x_0,y)}{dy}\Big|_{y=y_0}$$

由此可知二元函数 $z=f(x,y)$ 的偏导数 $f_x(x_0,y_0)$ 的几何意义表示空间曲线

$$\Gamma_1:\begin{cases}z=f(x,y)\\y=y_0\end{cases}$$

即空间曲面 $z=f(x,y)$ 与平面 $y=y_0$ 的交线 $z=f(x,y_0)$ 在点 $M_0(x_0,y_0,f(x_0,y_0))$ 处的切线 M_0T_x 的斜率(如图 1-25),即

$$f_x(x_0,y_0)=\tan\alpha$$

偏导数 $f_y(x_0,y_0)$ 表示空间曲线

$$\Gamma_2:\begin{cases}z=f(x,y)\\x=x_0\end{cases}$$

即空间曲面 $z=f(x,y)$ 与平面 $x=x_0$ 的交线 $z=f(x_0,y)$ 在点 $M_0(x_0,y_0,f(x_0,y_0))$ 处的切线 M_0T_y 的斜率(如图 1-25 所示),即

$$f_y(x_0,y_0)=\tan\beta$$

我们知道,若一元函数 $y=f(x)$ 在点 x_0 处可导,则函数 $f(x)$ 在点 x_0 处连续;但对二元函数 $z=f(x,y)$ 来说,即使 $f(x,y)$ 在点 (x_0,y_0) 处的偏导数存在,也不能得到函数 $f(x,y)$ 在该点连续.

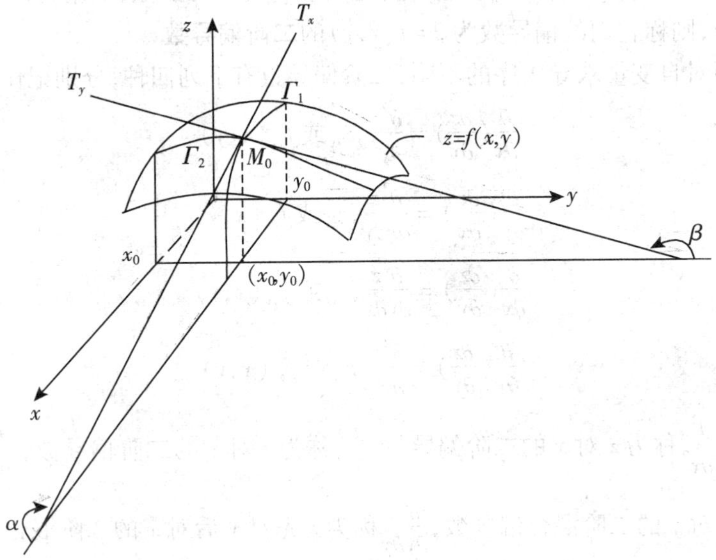

图 1－25

例 1.3.4 设函数

$$f(x,y)=\begin{cases}\dfrac{xy}{x^2+y^2}, & x^2+y^2\neq 0\\ 0, & x^2+y^2=0\end{cases}$$

讨论 $f(x,y)$ 在点 $(0,0)$ 处的可偏导性和连续性．

解 由偏导数的定义可知，

$$f_x(0,0)=\lim_{\Delta x\to 0}\frac{f(0+\Delta x,0)-f(0,0)}{\Delta x}=\lim_{\Delta x\to 0}\frac{0}{\Delta x}=0$$

$$f_y(0,0)=\lim_{\Delta y\to 0}\frac{f(0,0+\Delta y)-f(0,0)}{\Delta y}=\lim_{\Delta y\to 0}\frac{0}{\Delta y}=0$$

从而可知函数 $f(x,y)$ 在点 $(0,0)$ 处是可偏导的；然而，由例 1.2.5 知极限 $\lim\limits_{(x,y)\to(0,0)} f(x,y)$ 不存在，从而函数 $f(x,y)$ 在点 $(0,0)$ 处不连续．

由此可知，二元函数 $z=f(x,y)$ 在点 (x_0,y_0) 处可偏导，并不能保证该函数在该点连续．这是因为函数 $f(x,y)$ 在点 (x_0,y_0) 处关于 x 的偏导数 $f_x(x_0,y_0)$ 是沿着 x 轴方向的变化率；$f_x(x_0,y_0)$ 存在，只能说明函数 $f(x,y)$ 沿着 x 轴方向连续．同理，$f_y(x_0,y_0)$ 存在，也只能说明函数 $f(x,y)$ 沿着 y 轴方向连续．

1.3.2 高阶偏导数

设函数 $z=f(x,y)$ 在区域 D 上具有偏导数

$$\frac{\partial z}{\partial x}=f_x(x,y) \text{ 和 } \frac{\partial z}{\partial y}=f_y(x,y)$$

在区域 D 上 $f_x(x,y)$ 和 $f_y(x,y)$ 都是 x 和 y 的二元函数，如果这两个偏导数仍可偏导，则称它们的偏导数为 $z=f(x,y)$ 的**二阶偏导数**.

依照对自变量求导次序的不同，二阶偏导数有下列四种，分别记作

$$\frac{\partial}{\partial x}\left(\frac{\partial z}{\partial x}\right)=\frac{\partial^2 z}{\partial x^2},z_{xx}\text{或}f_{xx}(x,y)$$

$$\frac{\partial}{\partial y}\left(\frac{\partial z}{\partial x}\right)=\frac{\partial^2 z}{\partial x\partial y},z_{xy}\text{或}f_{xy}(x,y)$$

$$\frac{\partial}{\partial x}\left(\frac{\partial z}{\partial y}\right)=\frac{\partial^2 z}{\partial y\partial x},z_{yx}\text{或}f_{yx}(x,y)$$

$$\frac{\partial}{\partial y}\left(\frac{\partial z}{\partial y}\right)=\frac{\partial^2 z}{\partial y^2},z_{yy}\text{或}f_{yy}(x,y)$$

其中$\frac{\partial^2 z}{\partial x^2}$称为 z 对 x 的二阶偏导数，$\frac{\partial^2 z}{\partial y^2}$称为 z 对 y 的二阶偏导数，$\frac{\partial^2 z}{\partial x\partial y}$称为 z 先对 x 后对 y 的二阶混合偏导数，$\frac{\partial^2 z}{\partial y\partial x}$称为 z 先对 y 后对 x 的二阶混合偏导数.

类似地可定义三阶、四阶以至于更高阶**偏导数**，二阶及二阶以上的偏导数统称为**高阶偏导数**. 类似地也可定义 n 元函数 $y=f(x_1,x_2,\cdots,x_n)$ 的高阶偏导数，并且可仿此引入相应的记号.

例 1.3.5 求函数 $f(x,y)=xy+x^2\sin y$ 的二阶偏导数.

解

$$f_x=y+2x\sin y,\ f_y=x+x^2\cos y$$

$$f_{xx}=\frac{\partial}{\partial x}(y+2x\sin y)=2\sin y,\ f_{yy}=\frac{\partial}{\partial y}(x+x^2\cos y)=-x^2\sin y$$

$$f_{xy}=\frac{\partial}{\partial y}(y+2x\sin y)=1+2x\cos y,\ f_{yx}=\frac{\partial}{\partial x}(x+x^2\cos y)=1+2x\cos y$$

由上述计算可知，函数 $f(x,y)$ 的两个二阶混合偏导数是相等的，这种情况并非偶然，事实上我们有下述定理.

定理 1.3.1 如果函数 $z=f(x,y)$ 在区域 D 内的两个二阶混合偏导数 $f_{xy}(x,y)$ 及 $f_{yx}(x,y)$ 都连续，则在区域 D 内必有 $f_{xy}(x,y)=f_{yx}(x,y)$.

即当二阶混合偏导数在区域 D 内连续时，求导结果与求导的次序无关. 证明超出本教材范围，证明略.

例 1.3.6 求函数 $z=\ln(x^2+y^2)$ 的偏导数，并验证等式

$$\frac{\partial^2 z}{\partial x^2}+\frac{\partial^2 z}{\partial y^2}=0$$

证明 因为函数 z 关于自变量 x,y 是对称的，所以

$$\frac{\partial z}{\partial x}=\frac{2x}{x^2+y^2},\frac{\partial z}{\partial y}=\frac{2y}{x^2+y^2}$$

$$\frac{\partial^2 z}{\partial x^2}=\frac{2(x^2+y^2)-2x\cdot 2x}{(x^2+y^2)^2}=\frac{-2x^2+2y^2}{(x^2+y^2)^2},\frac{\partial^2 z}{\partial y^2}=\frac{2x^2-2y^2}{(x^2+y^2)^2}$$

$$\frac{\partial^2 z}{\partial x\partial y}=-\frac{2x\cdot 2y}{(x^2+y^2)^2}=-\frac{4xy}{(x^2+y^2)^2},\frac{\partial^2 z}{\partial y\partial x}=-\frac{4xy}{(x^2+y^2)^2}$$

从而

$$\frac{\partial^2 z}{\partial x^2}+\frac{\partial^2 z}{\partial y^2}=0$$

1.3.3 全微分

1.3.3.1 全微分的定义

对一元函数 $y=f(x)$，为近似计算函数的改变量

$$\Delta y=f(x+\Delta x)-f(x)$$

我们引入了微分 $dy=f'(x)\Delta x$，在 $|\Delta x|$ 很小时，用 dy 近似代替 Δy，计算简单且易估算近似误差.

对于二元函数也有类似的问题. 即需要研究二元函数当自变量取得改变量时函数相应的改变量，这是全改变量问题. 为近似计算二元函数的全改变量，我们引入全微分的定义.

定义 1.3.2 设函数 $z=f(x,y)$ 在点 $P_0(x_0,y_0)$ 处的某邻域 $U(P_0)$ 内有定义，令自变量 x,y 分别取得改变量 $\Delta x,\Delta y$，且 $P(x_0+\Delta x,y_0+\Delta y)\in U(P_0)$ 时，称相应函数 z 的改变量

$$\Delta z=f(x_0+\Delta x,y_0+\Delta y)-f(x_0,y_0)$$

为函数 $z=f(x,y)$ 在点 P_0 处的**全增量**.

例 1.3.7 设有一个长为 x、宽为 y 的矩形金属薄片，则其面积为

$$S=xy$$

当薄片受温度变化的影响，其长会由 x 变为 $x+\Delta x$，同时宽会由 y 变为 $y+\Delta y$（如图 1-26），则该金属薄片的面积就有如下的全改变量

$$\Delta S=(x+\Delta x)(y+\Delta y)-xy=y\Delta x+x\Delta y+\Delta x\Delta y$$

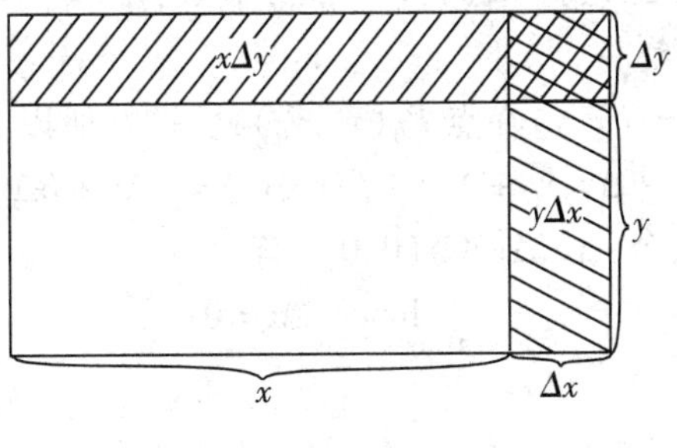

图 1-26

由于

$$\left|\frac{\Delta x\Delta y}{\sqrt{(\Delta x)^2+(\Delta y)^2}}\right|\leqslant\frac{1}{2}\sqrt{(\Delta x)^2+(\Delta y)^2}$$

因此

$$\lim_{(\Delta x,\Delta y)\to(0,0)}\frac{\Delta x\Delta y}{\sqrt{(\Delta x)^2+(\Delta y)^2}}=0$$

显然，面积的全改变量 ΔS 的表达式中包含两部分，第一部分 $y\Delta x+x\Delta y$ 是 Δx 和 Δy 的线性函数；第二部分 $\Delta x\Delta y$ 是当 $(\Delta x, \Delta y)\to(0, 0)$ 时比 $\sqrt{(\Delta x)^2+(\Delta y)^2}$ 较高阶的无穷小量．在 $|\Delta x|$，$|\Delta y|$ 很小时，就可略去高阶无穷小量 $\Delta x\Delta y$，从而可用第一部分 $y\Delta x+x\Delta y$ 来近似计算面积的全改变量 ΔS．

定义 1.3.3 设二元函数 $z=f(x,y)$ 在点 $P_0(x_0,y_0)$ 处的某邻域 $U(P_0)$ 内有定义，如果函数在 P_0 处的全改变量

$$\Delta z=f(x_0+\Delta x,y_0+\Delta y)-f(x_0,y_0)$$

可表示为

$$\Delta z=A\Delta x+B\Delta y+o(\rho)$$

其中 A,B 是只与点 $P_0(x_0,y_0)$ 有关而与 Δx 和 Δy 无关的常数，$\rho=\sqrt{(\Delta x)^2+(\Delta y)^2}$，$o(\rho)$ 是当 $\rho\to 0$ 时比 ρ 高阶的无穷小，则称函数 $z=f(x,y)$ 在点 $P_0(x_0,y_0)$ 可微，并称 $A\Delta x+B\Delta y$ 为 $z=f(x,y)$ 在点 $P_0(x_0,y_0)$ 的全微分，记作 $dz\Big|_{(x_0,y_0)}$，即

$$dz\Big|_{(x_0,y_0)}=A\Delta x+B\Delta y \tag{1.3.1}$$

由于自变量的改变量等于自变量的微分，即

$$\Delta x=dx,\Delta y=dy$$

于是(1.3.1)式可记作

$$dz\Big|_{(x_0,y_0)}=Adx+Bdy \tag{1.3.2}$$

1.3.3.2 可微与连续、可偏导之间的关系

首先讨论二元函数的可微与连续的关系．

定理 1.3.2 如果函数 $z=f(x,y)$ 在点 $P_0(x_0,y_0)$ 处可微，则函数 $z=f(x,y)$ 在点 $P_0(x_0,y_0)$ 处连续．

证明 因函数 $z=f(x,y)$ 在点 $P_0(x_0,y_0)$ 处可微，所以

$$\Delta z=f(x_0+\Delta x,y_0+\Delta y)-f(x_0,y_0)=A\Delta x+B\Delta y+o(\rho) \tag{1.3.3}$$

在式(1.3.3)中，令 $(\Delta x,\Delta y)\to(0,0)$，有

$$\lim_{(\Delta x,\Delta y)\to(0,0)}\Delta z=0$$

从而

$$\lim_{(\Delta x,\Delta y)\to(0,0)}f(x_0+\Delta x,y_0+\Delta y)=f(x_0,y_0)$$

即函数 $f(x,y)$ 在点 $P_0(x_0,y_0)$ 处连续．

其次讨论二元函数的可微与可偏导之间的关系，并由此给出求全微分的公式.

定理 1.3.3(**可微的必要条件**) 如果二元函数 $z=f(x,y)$ 在点 $P_0(x_0,y_0)$ 处可微，则函数 $z=f(x,y)$ 在点 $P_0(x_0,y_0)$ 处可偏导，且有

$$A=f_x(x_0,y_0),B=f_y(x_0,y_0)$$

此时，函数 $z=f(x,y)$ 在点 (x_0,y_0) 处的微分可用如下公式来表示：

$$dz\Big|_{(x_0,y_0)}=f_x(x_0,y_0)dx+f_y(x_0,y_0)dy.$$

证明 在式(1.3.3)中取 $\Delta y=0$，此时全改变量转化为偏改变量

$$\Delta_x z=f(x_0+\Delta x,y_0)-f(x_0,y_0)=A\Delta x+o(|\Delta x|)$$

于是有

$$\lim_{\Delta x\to 0}=\frac{\Delta_x z}{\Delta x}=\lim_{\Delta x\to 0}\frac{f(x_0+\Delta x,y_0)-f(x_0,y_0)}{\Delta x}=A$$

同理可得

$$\lim_{\Delta y\to 0}\frac{\Delta_y z}{\Delta y}=\lim_{\Delta y\to 0}\frac{f(x_0,y_0+\Delta y)-f(x_0,y_0)}{\Delta y}=B$$

即函数 $f(x,y)$ 在点 (x_0,y_0) 处可偏导，且有 $A=f_x(x_0,y_0),B=f_y(x_0,y_0)$.
由式(1.3.2)可得全微分计算公式

$$dz\Big|_{(x_0,y_0)}=f_x(x_0,y_0)dx+f_y(x_0,y_0)dy$$

当函数 $z=f(x,y)$ 在区域 D 内每一点都可微时，称 $f(x,y)$ 为 D 内的**可微函数**，此时，函数 $z=f(x,y)$ 的微分可表示为

$$dz=f_x(x,y)dx+f_y(x,y)dy$$

一元函数的可导与可微是等价的，但多元函数在一点可偏导只是它在该点可微的必要条件，而不是充分条件.

由前面的举例可知，函数 $f(x,y)=\begin{cases}\dfrac{xy}{x^2+y^2}, & x^2+y^2\neq 0\\ 0, & x^2+y^2=0\end{cases}$ 在点(0,0)处是可偏导的；由于函数 $f(x,y)$ 在(0,0)点处不连续，故函数 $f(x,y)$ 在点(0,0)处不可微.

如果假定二元函数 $z=f(x,y)$ 在点 (x_0,y_0) 处的各个偏导数连续，则我们可以证明函数 $z=f(x,y)$ 在点 (x_0,y_0) 处是可微的，即有如下定理

定理 1.3.4(可微的充分条件) 如果函数 $z=f(x,y)$ 在点 $P_0(x_0,y_0)$ 处的某邻域 $U(P_0)$ 内可偏导，且偏导数 $f_x(x,y)$，$f_y(x,y)$ 都在点 (x_0,y_0) 处连续，则函数 $f(x,y)$ 在点 (x_0,y_0) 处可微(证明略).

以上关于二元函数全微分的定义及相关的结论均可推广到二元以上的多元函数. 例如，三元函数 $u=f(x,y,z)$ 的全微分是

$$du=f_x(x,y,z)dx+f_y(x,y,z)dy+f_z(x,y,z)dz$$

例 1.3.8 求函数 $z=x^2e^y+y^2$ 的全微分.

解 因为

$$\frac{\partial z}{\partial x}=2xe^y,\frac{\partial z}{\partial y}=x^2e^y+2y$$

则

$$dz=\frac{\partial z}{\partial x}dx+\frac{\partial z}{\partial y}dy=2xe^ydx+(x^2e^y+2y)dy.$$

例 1.3.9 求函数 $u=\sin(x^2+z)-\arctan\frac{z}{y}$的全微分.

解 因为

$$\frac{\partial u}{\partial x}=2x\cos(x^2+z),\frac{\partial u}{\partial y}=-\frac{1}{1+(\frac{z}{y})^2}\cdot(-\frac{z}{y^2})=\frac{z}{y^2+z^2}$$

$$\frac{\partial u}{\partial z}=\cos(x^2+z)-\frac{1}{1+(\frac{z}{y})^2}\cdot\frac{1}{y}=\cos(x^2+z)-\frac{y}{y^2+z^2}$$

则

$$\begin{aligned}du&=\frac{\partial u}{\partial x}\cdot dx+\frac{\partial u}{\partial y}dy+\frac{\partial u}{\partial z}dz\\&=2x\cos(x^2+z)dx+\frac{z}{y^2+z^2}dy+[\cos(x^2+z)-\frac{y}{y^2+z^2}]dz\end{aligned}$$

1.3.3.3 全微分在近似计算中的应用

由全微分的定义可知,若函数 $z=f(x,y)$ 在点 (x_0,y_0) 处可微,并且当 $|\Delta x|$, $|\Delta y|$ 都很小时,可用全微分 dz 近似计算函数的全改变量 Δz,即

$$\Delta z=f(x_0+\Delta x,y_0+\Delta y)-f(x_0,y_0)\approx dz=f_x(x_0,y_0)\Delta x+f_y(x_0,y_0)\Delta y$$

由此,我们得到两个近似计算公式:

$$\Delta z\approx f_x(x_0,y_0)\Delta x+f_y(x_0,y_0)\Delta y \tag{1.3.4}$$

和

$$f(x_0+\Delta x,y_0+\Delta y)\approx f(x_0,y_0)+f_x(x_0,y_0)\Delta x+f_y(x_0,y_0)\Delta y. \tag{1.3.5}$$

例 1.3.10 求 $(1.01)^{2.02}$ 的近似值.

解 这是求函数值的近似值问题.

设 $f(x,y)=x^y$,则该问题等价于求 $f(1.01,2.02)=(1+0.01)^{2+0.02}$ 的近似值.

取 $x_0=1,y_0=2,\Delta x=0.01,\Delta y=0.02$,

因为

$$f_x(1,2)=yx^{y-1}\Big|_{(1,2)}=2,\ f_y(1,2)=x^y\ln x\Big|_{(1,2)}=0,\ f(1,2)=1$$

故

$$f(1.01,2.02)=f(1,2)+f_x(1,2)\Delta x+f_y(1,2)\Delta y$$
$$=1+2\times 0.01+0\times 0.02=1.02$$

即

$$(1.01)^{2.02}\approx 1.02$$

例 1.3.11 设圆锥的底半径 r 由 30cm 增加到 30.1cm，高 h 由 60cm 减少到 59.5cm，试求体积变化的近似值.

解 这是求函数的全改变量问题. 圆锥的体积计算公式为

$$V=\frac{1}{3}\pi r^2 h$$

且

$$\frac{\partial V}{\partial r}=\frac{2}{3}\pi rh,\frac{\partial V}{\partial h}=\frac{1}{3}\pi r^2$$

则

$$dV=\frac{2}{3}\pi rh\cdot\Delta r+\frac{1}{3}\pi r^2\cdot\Delta h$$

下面用全微分求全改变量 ΔV 的近似值.

取 $r_0=30,h_0=60,\Delta r=0.1,\Delta h=-0.5$，得圆锥体积变化的近似值

$$\Delta V\approx dV=1\,200\pi\times 0.1+300\pi\times(-0.5)=-30\pi(cm^3)$$

即体积减小约 $30\pi(cm^3)$.

习题 1.3

1. 求下列函数的偏导数：

(1) $z=xy^2-x^2y$;

(2) $z=\arcsin(xy)-\cos^2(xy)$;

(3) $z=\sqrt{\ln(xy)}$;

(4) $z=(1+xy)^y$;

(5) $z=e^{xy}\sin(x+y)$.

2. 设 $f(x,y)=\begin{cases}\dfrac{\sin(x^2y)}{xy}, & xy\neq 0\\ 0, & xy=0\end{cases}$，求 $f_x(0,1)$.

3. 设 $f(x,y)=\ln(x+\dfrac{y}{2x})$，求 $f_y(1,0)$.

4. 设 $f(x,y)=x+(y-1)\arcsin\sqrt{\dfrac{x}{y}}$，求 $f_x(x,1)$.

5. 设 $z=e^{-(\frac{1}{x}+\frac{1}{y})}$，验证 $x^2\dfrac{\partial z}{\partial x}+y^2\dfrac{\partial z}{\partial y}=2z$.

6. 设 $f(x,y,z)=xy^2+yz^2+x^2z$，求 $f_x(0,0,1)$，$f_y(0,1,0)$，$f_{xx}(0,0,1)$，$f_{xz}(1,0,2)$，$f_{yz}(0,-1,0)$ 和 $f_{zzx}(2,0,1)$.

7. 设 $z=x\ln(xy)$，求 $\frac{\partial^3 z}{\partial x^2 \partial y}$ 与 $\frac{\partial^3 z}{\partial x \partial y^2}$.

8. 求下列函数的全微分：

(1) $z=xy+\frac{x}{y}$；

(2) $z=\frac{x+y}{x-y}$；

(3) $z=\arctan(xy)$；

(4) $u=x^{yz}$.

9. 求函数 $z=\ln(1+x^2+y^2)$ 在 $x=1,y=2$ 的全微分.

10. 在边长为 $x=6m,y=8m$ 的矩形中，若 x 增加 $5cm$，y 减少 $10cm$，试求该矩形的对角线和面积变化的近似值.

11. 求下列各式的近似值：

(1) $\sqrt{(1.02)^3+(1.97)^3}$；

(2) $(1.07)^{1.05}$.

1.4 多元复合函数与隐函数的微分法

1.4.1 复合函数的微分法

现将一元函数微分学中复合函数的求导法则（链式法则）推广到多元函数的情形. 下面按照多元复合函数不同的复合情形，分三种情况讨论.

1.4.1.1 复合函数的中间变量均为一元函数的情形

定理 1.4.1 如果函数 $x=\varphi(t)$ 及 $y=\psi(t)$ 都在点 t 处可导，函数 $z=f(x,y)$ 在对应点 (x,y) 处可微，则复合函数 $z=f(\varphi(t),\psi(t))$ 在点 t 处可导，且有

$$\frac{dz}{dt}=\frac{\partial z}{\partial x}\cdot\frac{dx}{dt}+\frac{\partial z}{\partial y}\cdot\frac{dy}{dt} \tag{1.4.1}$$

证明 当 t 取得改变量 $\Delta t(\Delta t\neq 0)$ 时，中间变量 x,y 有相应的改变量 Δx，Δy，于是 $z=f(x,y)$ 有全改变量 Δz. 由于函数 $f(x,y)$ 可微，则有

$$\Delta z=\frac{\partial z}{\partial x}\Delta x+\frac{\partial z}{\partial y}\Delta y+o(\rho)$$

其中 $\rho=\sqrt{(\Delta x)^2+(\Delta y)^2}$. 上式两端同除以 Δt，可得

$$\frac{\Delta z}{\Delta t}=\frac{\partial z}{\partial x}\cdot\frac{\Delta x}{\Delta t}+\frac{\partial z}{\partial y}\cdot\frac{\Delta y}{\Delta t}+\frac{o(\rho)}{\Delta t}$$

又因为函数 $x=\varphi(t)$ 及 $y=\psi(t)$ 都在点 t 处可导，从而函数 $\varphi(t)$、$\psi(t)$ 均连续，

所以当 $\Delta t\to 0$ 时，$\rho\to 0$；同时亦有 $\frac{\Delta x}{\Delta t}\to\frac{dx}{dt},\frac{\Delta y}{\Delta t}\to\frac{dy}{dt}$

于是有

$$\lim_{\Delta t\to 0}\left|\frac{o(\rho)}{\Delta t}\right|=\lim_{\Delta t\to 0}\left|\frac{o(\rho)}{\rho}\cdot\frac{\rho}{\Delta t}\right|=\lim_{\Delta t\to 0}\left|\frac{o(\rho)}{\rho}\right|\sqrt{\left(\frac{\Delta x}{\Delta t}\right)^2+\left(\frac{\Delta y}{\Delta t}\right)^2}=0$$

故

$$\frac{dz}{dt}=\lim_{\Delta t\to 0}\frac{\Delta z}{\Delta t}=\frac{\partial z}{\partial x}\cdot\frac{dx}{dt}+\frac{\partial z}{\partial y}\cdot\frac{dy}{dt}$$

即复合函数 $z=f(\varphi(t),\psi(t))$ 在点 t 处可导，且有公式(1.4.1)成立．

由于多元函数的复合关系可能出现多种情形，因此，分清复合函数的复合层次是求偏导数的关键．

公式(1.4.1)中变量之间的关系如图 1－27 所示．

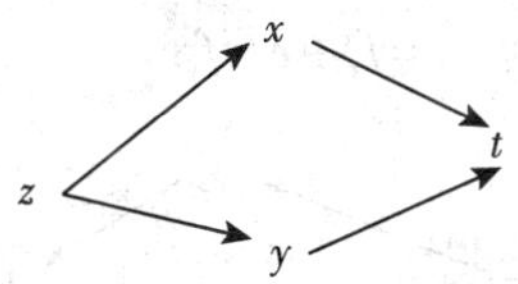

图 1－27

其中，从 z 引出的两个箭头指向 x、y，表明函数 z 有两个中间变量 x 和 y；而由 x 与 y 分别引出的一个箭头指向 t，表明中间变量 x、y 分别是 t 的函数．

上述定理中复合函数的中间变量可推广到多于两个变量的情形．例如，设 $z=f(x,y,u)$，$x=\varphi(t)$，$y=\psi(t)$，$u=\omega(t)$，

则

$$z=f(\varphi(t),\psi(t),\omega(t))$$

变量之间的关系如图 1－28 所示．

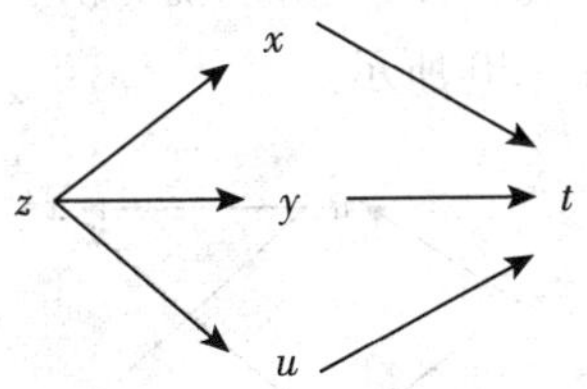

图 1－28

在与定理 1.4.1 的相似条件下，上述复合函数在点 t 可导，且有

$$\frac{dz}{dt}=\frac{\partial z}{\partial x}\cdot\frac{dx}{dt}+\frac{\partial z}{\partial y}\cdot\frac{dy}{dt}+\frac{\partial z}{\partial u}\cdot\frac{du}{dt}\tag{1.4.2}$$

公式(1.4.1)及(1.4.2)中的导数$\frac{dz}{dt}$称为函数 z 对 t 的**全导数**.

例 1.4.1　求下列函数的全导数.

(1) $z=xy, x=e^t, y=\sin t$;

(2) $z=f(x,e^{-x})$.

解　(1) $\frac{dz}{dt}=\frac{\partial z}{\partial x}\cdot\frac{dx}{dt}+\frac{\partial z}{\partial y}\cdot\frac{dy}{dt}$

$$=y\cdot e^t+x\cdot\cos t$$

$$=e^t(\sin t+\cos t)$$

(2)令 $y=e^{-x}$,则 $z=f(x,y)$,变量间的关系如图 1-29 所示.

则

$$\frac{dz}{dx}=\frac{\partial z}{\partial x}\cdot 1+\frac{\partial z}{\partial y}\cdot\frac{dy}{dx}$$

$$=f_x-e^{-x}f_y.$$

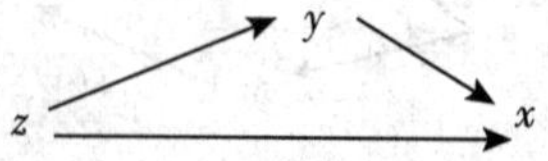

图 1-29

1.4.1.2　复合函数的中间变量均为多元函数的情形

定理 1.4.2　如果函数 $u=\varphi(x,y)$ 及 $v=\psi(x,y)$ 都在点 (x,y) 处可偏导, $z=f(u,v)$ 在对应点 (u,v) 处可微,则复合函数 $z=f(\varphi(x,y),\psi(x,y))$ 在点 (x,y) 处可偏导,且有

$$\frac{\partial z}{\partial x}=\frac{\partial z}{\partial u}\cdot\frac{\partial u}{\partial x}+\frac{\partial z}{\partial v}\cdot\frac{\partial v}{\partial x}\qquad(1.4.3)$$

$$\frac{\partial z}{\partial y}=\frac{\partial z}{\partial u}\cdot\frac{\partial u}{\partial y}+\frac{\partial z}{\partial v}\cdot\frac{\partial v}{\partial y}\qquad(1.4.4)$$

变量之间的关系如图 1-30 所示。

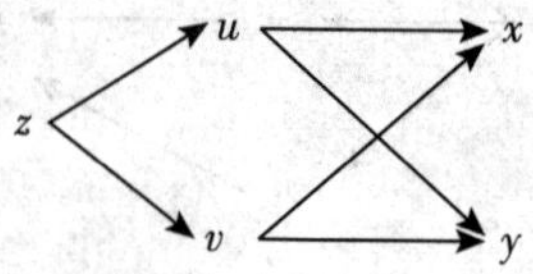

图 1-30

事实上,当 z 对 x 求偏导时,应将 y 看作常数,此时的中间变量 u,v 均是 x 的一元函数,从而 z 亦是 x 的一元函数,于是可利用公式(1.4.1),把相应的导

数记号改写成偏导数记号,可得公式(1.4.3);类似地可得公式(1.4.4).

将此定理中复合函数的中间变量推广到多于两个的情形.

例如,设 $z=f(u,v,w)$, $u=\varphi(x,y)$, $v=\psi(x,y)$, $w=\omega(x,y)$,则

$$z=f(\varphi(x,y),\psi(x,y),\omega(x,y))$$

变量之间的关系如图 1-31 所示.

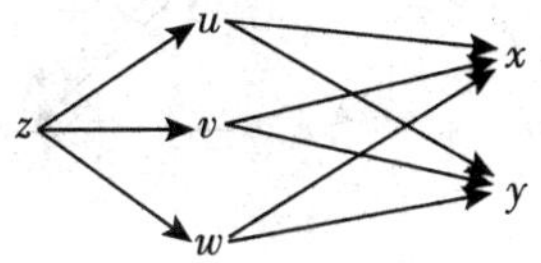

图 1-31

在与定理 1.4.2 的相似的条件下,上述复合函数在点 (x,y) 处可偏导,且有

$$\frac{\partial z}{\partial x}=\frac{\partial z}{\partial u}\cdot\frac{\partial u}{\partial x}+\frac{\partial z}{\partial v}\cdot\frac{\partial v}{\partial x}+\frac{\partial z}{\partial w}\cdot\frac{\partial w}{\partial x} \tag{1.4.5}$$

$$\frac{\partial z}{\partial y}=\frac{\partial z}{\partial u}\cdot\frac{\partial u}{\partial y}+\frac{\partial z}{\partial v}\cdot\frac{\partial v}{\partial y}+\frac{\partial z}{\partial w}\cdot\frac{\partial w}{\partial y} \tag{1.4.6}$$

例 1.4.2 设 $z=(x^2+y^2)^{xy}$,求 $\frac{\partial z}{\partial x},\frac{\partial z}{\partial y}$.

解 令 $u=x^2+y^2$, $v=xy$,则 $z=u^v$,从而 z 是 x,y 的复合函数.而

$$\frac{\partial z}{\partial u}=vu^{v-1},\ \frac{\partial z}{\partial v}=u^v\ln u;\ \frac{\partial u}{\partial x}=2x,\ \frac{\partial v}{\partial x}=y;\ \frac{\partial u}{\partial y}=2y,\ \frac{\partial v}{\partial y}=x$$

于是我们有

$$\begin{aligned}\frac{\partial z}{\partial x}&=\frac{\partial z}{\partial u}\cdot\frac{\partial u}{\partial x}+\frac{\partial z}{\partial v}\cdot\frac{\partial v}{\partial x}\\&=vu^{v-1}\cdot 2x+u^v\ln u\cdot y\\&=(x^2+y^2)^{xy}\left[\frac{2x^2y}{x^2+y^2}+y\ln(x^2+y^2)\right]\end{aligned}$$

$$\begin{aligned}\frac{\partial z}{\partial y}&=\frac{\partial z}{\partial u}\cdot\frac{\partial u}{\partial y}+\frac{\partial z}{\partial v}\cdot\frac{\partial v}{\partial y}\\&=vu^{v-1}\cdot 2y+u^v\ln u\cdot x\\&=(x^2+y^2)^{xy}\left[\frac{2xy^2}{x^2+y^2}+x\ln(x^2+y^2)\right]\end{aligned}$$

1.4.1.3 复合函数的中间变量既有一元函数,又有多元函数的情形

定理 1.4.3 如果函数 $u=\varphi(x,y)$ 在点 (x,y) 处可偏导, $v=\psi(y)$ 在点 y 处可导, $z=f(u,v)$ 在对应点 (u,v) 处可微,则复合函数 $z=f(\varphi(x,y),\psi(y))$ 在点 (x,y) 处可偏导,且有

$$\frac{\partial z}{\partial x}=\frac{\partial z}{\partial u}\cdot\frac{\partial u}{\partial x} \tag{1.4.7}$$

$$\frac{\partial z}{\partial y}=\frac{\partial z}{\partial u}\cdot\frac{\partial u}{\partial y}+\frac{\partial z}{\partial v}\cdot\frac{dv}{dy} \tag{1.4.8}$$

变量之间的关系如图 1－32 所示.

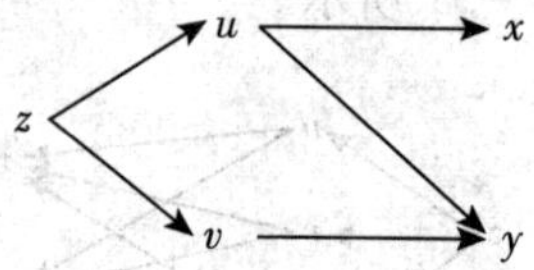

图 1－32

例 1.4.3 设 $z=y+f(u)$，$u=x^2-y^2$，其中 f 可微，证明：

$$y\frac{\partial z}{\partial x}+x\frac{\partial z}{\partial y}=x$$

证明 变量之间的关系如图 1－33 所示，

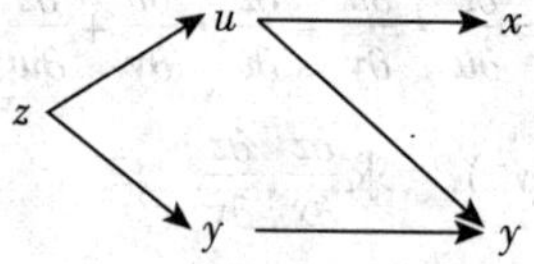

图 1－33

因为

$$\begin{aligned}\frac{\partial z}{\partial x}&=\frac{\partial z}{\partial u}\cdot\frac{\partial u}{\partial x}+\frac{\partial z}{\partial y}\cdot\frac{\partial y}{\partial x}\\&=f'(u)\cdot 2x+1\cdot 0\\&=2xf'(x^2-y^2)\end{aligned}$$

$$\begin{aligned}\frac{\partial z}{\partial y}&=\frac{\partial z}{\partial u}\cdot\frac{\partial u}{\partial y}+\frac{\partial z}{\partial y}\cdot 1\\&=f'(u)\cdot(-2y)+1\cdot 1\\&=1-2yf'(x^2-y^2)\end{aligned}$$

故

$$y\frac{\partial z}{\partial x}+x\frac{\partial z}{\partial y}=x$$

可通过反复应用求导法则来求复合函数的高阶导数或偏导数.

例 1.4.4 设函数 f 二阶可偏导，求函数 $z=f\left(x,\frac{y^2}{x}\right)$ 的二阶偏导数 $\frac{\partial^2 z}{\partial x\partial y}$.

解 令 $u=x,v=\frac{y^2}{x}$,则 $z=f(u,v)$,从而 z 是 x,y 的复合函数. 其变量间的关系如图 1-34 所示.

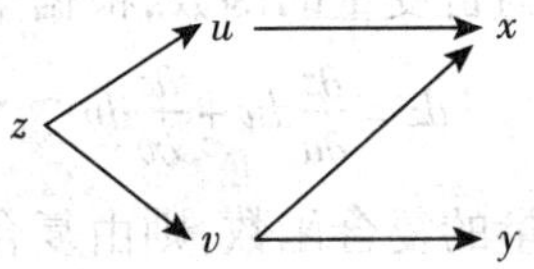

图 1-34

为了在应用链锁规则时书写方便,我们用 $f_i(i=1,2)$ 表示 $f(u,v)$ 对第 i 个中间变量的偏导数,$f_{ij}(i,j=1,2)$ 表示 $f(u,v)$ 先对第 i 个中间变量再对第 j 个中间变量的二阶偏导数.

则

$$\frac{\partial z}{\partial x}=\frac{\partial z}{\partial u}\cdot\frac{\partial u}{\partial x}+\frac{\partial z}{\partial v}\cdot\frac{\partial v}{\partial x}=f_1-\frac{y^2}{x^2}\cdot f_2$$

其中,$f_1=f_1(x,\frac{y^2}{x})$ 和 $f_2=f_2(x,\frac{y^2}{x})$ 仍是 x,y 的复合函数,其变量间的关系如图 1-35 所示.

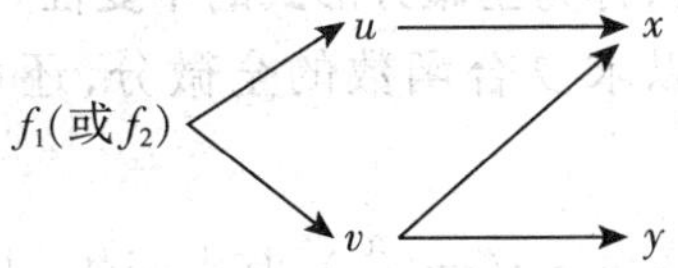

图 1-35

则

$$\begin{aligned}\frac{\partial^2 z}{\partial x\partial y}&=\frac{\partial}{\partial y}(f_1-\frac{y^2}{x^2}\cdot f_2)\\&=f_{11}\cdot 0+f_{12}\cdot\frac{2y}{x}-\frac{2y}{x^2}\cdot f_2-\frac{y^2}{x^2}(f_{21}\cdot 0+f_{22}\cdot\frac{2y}{x})\\&=-\frac{2y}{x^2}\cdot f_2+\frac{2y}{x}(f_{12}-\frac{y^2}{x^2}\cdot f_{22})\end{aligned}$$

1.4.1.4 全微分形式的不变性

一元函数有一阶微分形式的不变性,类似地,多元函数也有一阶全微分形式的不变性. 下面我们以二元函数为例来说明.

定理 1.4.4 若函数 $z=f(u,v)$ 在点 (u,v) 处可微,$u=\varphi(x,y)$ 及 $v=\psi(x,y)$ 在对应点 (x,y) 处也可微,则不论 u,v 作为 $z=f(u,v)$ 的自变量,还是作为

复合函数 $z=f(\varphi(x,y),\psi(x,y))$ 的中间变量,都有

$$dz=\frac{\partial z}{\partial u}du+\frac{\partial z}{\partial v}dv$$

证明 若 z 作为以 u,v 为自变量的函数,根据全微分的计算公式,有

$$dz=\frac{\partial z}{\partial u}du+\frac{\partial z}{\partial v}dv$$

如果 z 作为以 u,v 为中间变量的复合函数,则由复合函数的求导法则,有

$$\begin{aligned}dz&=\frac{\partial z}{\partial x}dx+\frac{\partial z}{\partial y}dy\\&=(\frac{\partial z}{\partial u}\cdot\frac{\partial u}{\partial x}+\frac{\partial z}{\partial v}\cdot\frac{\partial v}{\partial x})dx+(\frac{\partial z}{\partial u}\cdot\frac{\partial u}{\partial y}+\frac{\partial z}{\partial v}\cdot\frac{\partial v}{\partial y})dy\\&=\frac{\partial z}{\partial u}(\frac{\partial u}{\partial x}dx+\frac{\partial u}{\partial y}dy)+\frac{\partial z}{\partial v}(\frac{\partial v}{\partial x}dx+\frac{\partial v}{\partial y}dy)\\&=\frac{\partial z}{\partial u}du+\frac{\partial z}{\partial v}dv\end{aligned}$$

此定理表明,对于函数 $z=f(u,v)$,无论 u,v 为自变量,还是中间变量,其全微分皆为

$$dz=\frac{\partial z}{\partial u}du+\frac{\partial z}{\partial v}dv$$

这一形式上的一致性,称为**全微分形式的不变性**.

利用该性质不仅可以求复合函数的全微分,还可以利用全微分来求其偏导数.

例 1.4.5 设 $z=f(u),u=\varphi(xy,\frac{x}{y})$,其中函数 f 与 φ 均可微,求 dz,并由此求解 $\frac{\partial z}{\partial x},\frac{\partial z}{\partial y}$.

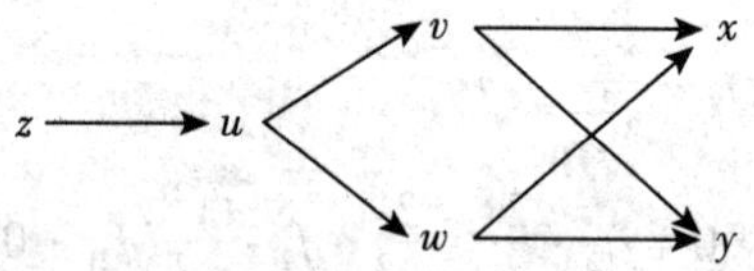

图 1-36

解 令 $v=xy,w=\frac{x}{y}$,其变量间的关系如图 1-36 所示.

则

$$
\begin{aligned}
dz &= f'(u)du \\
&= f'(u)\left(\frac{\partial u}{\partial v}\cdot dv + \frac{\partial u}{\partial w}\cdot dw\right) \\
&= f'(u)\left[\frac{\partial u}{\partial v}(xdy + ydx) + \frac{\partial u}{\partial w}\left(\frac{ydx - xdy}{y^2}\right)\right] \\
&= f'\left(\varphi\left(xy,\frac{x}{y}\right)\right)\left[\left(y\varphi_1 + \frac{\varphi_2}{y}\right)dx + x\left(\varphi_1 - \frac{\varphi_2}{y^2}\right)dy\right]
\end{aligned}
$$

从而

$$
\frac{\partial z}{\partial x} = f'\left(\varphi\left(xy,\frac{x}{y}\right)\right)\cdot\left(y\varphi_1 + \frac{\varphi_2}{y}\right),\ \frac{\partial z}{\partial y} = xf'\left(\varphi\left(xy,\frac{x}{y}\right)\right)\cdot\left(\varphi_1 - \frac{\varphi_2}{y^2}\right)
$$

1.4.2 隐函数的微分法

在一元微分学中，我们是基于以下两点假设：

(1) 假定方程 $F(x,y)=0$ 能够确定 y 是 x 的函数；

(2) 该函数是可导的．

然后利用复合函数求导法求得由方程 $F(x,y)=0$ 确定的函数 $y=f(x)$ 的导数．但事实上，并非任何一个方程 $F(x,y)=0$ 都能确定 y 是 x 的函数，并且该函数是可导的．

下面的定理给出了隐函数的存在性和可微性的充分条件．

定理 1.4.5（隐函数存在定理） 设二元函数 $F(x,y)$ 在点 $P_0(x_0,y_0)$ 处的某个邻域 $U(P_0)$ 内具有连续的偏导数，且

$$F(x_0,y_0)=0,\ F_y(x_0,y_0)\neq 0$$

则存在唯一的定义在点 x_0 处的某一邻域 $U(x_0)$ 内的一元隐函数 $y=f(x)$，使得

(1) 在 $U(x_0)$ 内成立 $F(x,f(x))\equiv 0$，且 $y_0=f(x_0)$；

(2) 函数 $f(x)$ 在 $U(x_0)$ 内具有连续导数，且

$$\frac{dy}{dx} = -\frac{F_x(x,y)}{F_y(x,y)} \tag{1.4.9}$$

此定理中隐函数的存在性和可微性的证明超出本教材的范围，证明略去．下面在已知方程 $F(x,y)=0$ 可确定连续可微的隐函数的前提下，推导公式 (1.4.9).

将方程 $F(x,y)=0$ 所确定的函数 $y=f(x)$ 代入方程 $F(x,y)=0$，得恒等式

$$F(x,f(x))\equiv 0$$

其左端可看作是两个中间变量，一个自变量 x 的复合函数，求其全导数，可得

$$F_x(x,y) + F_y(x,y)\cdot\frac{dy}{dx} = 0$$

又因为 $F_y(x,y)$ 在 $U(P_0)$ 内连续，且 $F_y(x_0,y_0)\neq 0$，则在 (x_0,y_0) 处的某邻域内必有 $F_y(x,y)\neq 0$. 故有

$$\frac{dy}{dx}=-\frac{F_x(x,y)}{F_y(x,y)}.$$

隐函数的求导法则可以推广到多元隐函数的情形.

例如,若由含有三个变量 x,y,z 的方程

$$F(x,y,z)=0$$

可以唯一确定一个二元可微函数 $z=f(x,y)$,则由

$$F(x,y,f(x,y))\equiv 0$$

得

$$F_x+F_z\frac{\partial z}{\partial x}=0,F_y+F_z\frac{\partial z}{\partial y}=0$$

从而当 $F_z(x,y,z)\neq 0$ 时,有偏导数公式

$$\frac{\partial z}{\partial x}=-\frac{F_x(x,y,z)}{F_z(x,y,z)},\frac{\partial z}{\partial y}=-\frac{F_y(x,y,z)}{F_z(x,y,z)}$$

例 1.4.6 设 $y-y^2+x\cdot\sin y=0$,求$\frac{dy}{dx}$.

解 设 $F(x,y)=y-y^2+x\cdot\sin y$,则

$$F_x=\sin y,F_y=1-2y+x\cos y$$

从而当 $F_y=1-2y+x\cos y\neq 0$ 时,有

$$\frac{dy}{dx}=-\frac{F_x}{F_y}=-\frac{\sin y}{1-2y+x\cos y}$$

例 1.4.7 设 $u=xy^2z^3$,且 $z=f(x,y)$ 是由方程 $x^2+y^2+z^2=3xyz$ 所确定的函数,求$\left.\frac{\partial u}{\partial x}\right|_{(1,1,1)}$.

解 由 $u=xy^2z^3$,有

$$\begin{aligned}\frac{\partial u}{\partial x}&=y^2z^3+xy^2\cdot 3z^2\cdot z_x\\&=y^2z^3+3xy^2z^2\cdot z_x\end{aligned}$$

设 $F(x,y,z)=x^2+y^2+z^2-3xyz$,则

$$F_x=2x-3yz,F_z=2z-3xy$$

从而

$$z_x=-\frac{F_x}{F_z}=\frac{3yz-2x}{2z-3xy}$$

故

$$\left.\frac{\partial u}{\partial x}\right|_{(1,1,1)}=-2$$

例 1.4.8 设由方程 $x+2y+z=e^{x-y-z}$确定的隐函数为 $z=z(x,y)$,求$\frac{\partial^2 z}{\partial x\partial y}$.

解 设 $F(x,y,z)=x+2y+z-e^{x-y-z}$,则

$$F_x=1-e^{x-y-z},F_y=2+e^{x-y-z},F_z=1+e^{x-y-z}$$

从而

$$\frac{\partial z}{\partial x}=-\frac{F_x}{F_z}=\frac{e^{x-y-z}-1}{e^{x-y-z}+1}=\frac{x+2y+z-1}{x+2y+z+1}=1-\frac{2}{x+2y+z+1}$$

$$\frac{\partial z}{\partial y}=-\frac{F_y}{F_z}=-\frac{2+e^{x-y-z}}{e^{x-y-z}+1}=-\frac{x+2y+z+2}{x+2y+z+1}=-1-\frac{1}{x+2y+z+1}$$

则

$$\frac{\partial^2 z}{\partial x\partial y}=\frac{\partial}{\partial y}\left(\frac{\partial z}{\partial x}\right)=\frac{2\left(2+\frac{\partial z}{\partial y}\right)}{(1+x+2y+z)^2}=\frac{2\left(1-\frac{1}{1+x+2y+z}\right)}{(1+x+2y+z)^2}=\frac{2(x+2y+z)}{(1+x+2y+z)^3}$$

习题 1.4

1. 求下列函数的全导数:

(1) $z=\arctan(xy),y=e^x$;

(2) $z=e^{x-2y},x=\sin t,y=t^3$;

(3) $u=\dfrac{e^{ax}(y-z)}{a^2+1},y=a\sin x,z=\cos x$.

2. 已知 $z=u^2\ln v,u=\dfrac{x}{y},v=x^2+y^2$,求$\dfrac{\partial z}{\partial x},\dfrac{\partial z}{\partial y}$.

3. 设函数f具有一阶连续(偏)导数,求下列函数的一阶偏导数:

(1) $u=f(x^2+y^2+z^2)$;

(2) $u=f(x,xy,xyz)$.

4. 设函数f二阶可导,求函数 $z=xf\left(\dfrac{y^2}{x}\right)$的二阶偏导数$\dfrac{\partial^2 z}{\partial x\partial y}$.

5. 设 $z=\dfrac{y^2}{3x}+\varphi(xy)$,验证:$x^2\dfrac{\partial z}{\partial x}-xy\dfrac{\partial z}{\partial y}+y^2=0$.

6. 设 $z=f\left(xy,\dfrac{x}{y}\right)+\varphi\left(\dfrac{y}{x}\right)$,且$f$与$\varphi$分别具有二阶连续偏导数和二阶导数,求 z_{xy}.

7. 函数 $y=f(x)$由方程 $\sin y+e^x-xy^2=0$ 所确定,求$\dfrac{dy}{dx}$.

8. 求下列方程所确定的隐函数 $z=f(x,y)$的偏导数:

(1) $e^z-xyz=0$;

(2) $\dfrac{x}{z}=\ln\dfrac{z}{y}$.

9. 设 $\varphi(u,v)$具有连续偏导数,证明由方程 $\varphi(cx-az,cy-bz)=0$ 所确定的

函数 $z=f(x,y)$ 满足 $a\frac{\partial z}{\partial x}+b\frac{\partial z}{\partial y}=c$.

10. 设方程 $z^3-3xyz=a^3$ 确定的隐函数为 $z=f(x,y)$，求$\frac{\partial^2 z}{\partial x\partial y}$.

11. 区域 D 上的二元可微函数 $z=f(x,y)$，如果对于实数 $t(t>0)$，有 $(tx,ty)\in D$，且

$$f(tx,ty)=t^r f(x,y)\ (r\text{ 为常数})$$

则称 $f(x,y)$ 为 r 次齐次函数．试证明 r 次齐次函数满足方程

$$xf_x+yf_y=rf(x,y).$$

1.5　二元函数的极值

1.5.1　二元函数的极值

1.5.1.1　极值定义

定义 1.5.1　设二元函数 $z=f(x,y)$ 在点 $P_0(x_0,y_0)$ 处的某个邻域 $U(P_0)$ 内有定义，若对任意 $(x,y)\in \mathring{U}(P_0)$，恒有

$$f(x,y)<f(x_0,y_0)\quad (\text{或 } f(x,y)>f(x_0,y_0))$$

成立，则称 $f(x_0,y_0)$ 为函数 $f(x,y)$ 的一个**极大值**（或**极小值**）；相应的，称点 (x_0,y_0) 为函数 $f(x,y)$ 的**极大值点**（或**极小值点**）．

极大值点与极小值点统称为**极值点**；极大值与极小值统称为**极值**．

例 1.5.1　(1) 对于函数 $z=4-\sqrt{x^2+y^2}$，由于它在点 $(0,0)$ 处的任意邻域内异于 $(0,0)$ 的点处恒有 $4-\sqrt{x^2+y^2}<4$ 成立（如图 1－37），故函数 $z=4-\sqrt{x^2+y^2}$ 在点 $(0,0)$ 处取得极大值 4，点 $(0,0)$ 是函数的一个极大值点．

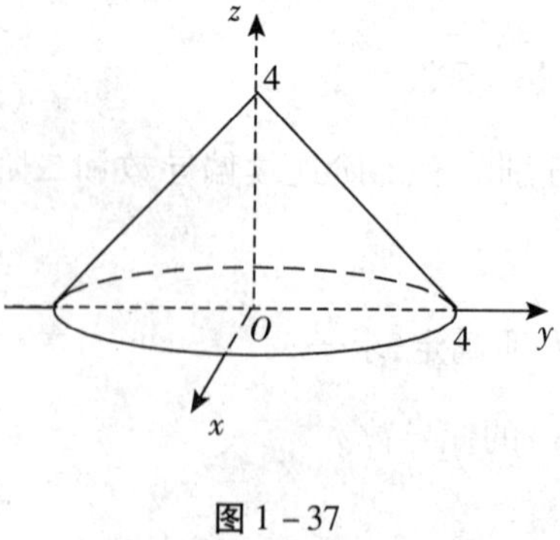

图 1－37

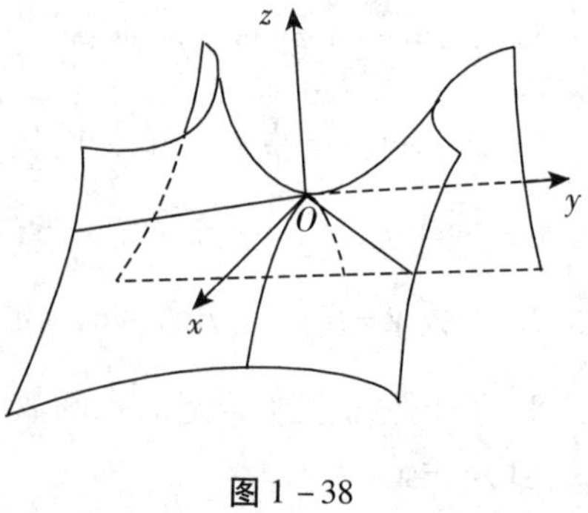

图 1－38

(2) 对于函数 $z=xy$，由于 $z=f(0,0)=0$，且在点 $(0,0)$ 处的任意邻域内总存

在 x,y 同号的点，其对应的函数值为正；也存在 x,y 异号的点，其对应的函数值为负（如图 1－38），因而点 $(0,0)$ 不是函数 $z=xy$ 的极值点．

1.5.1.2　极值存在的条件与求法

下面讨论二元函数的极值存在的必要条件与充分条件．

定理 1.5.1（**极值存在的必要条件**）　设 (x_0,y_0) 为二元函数 $z=f(x,y)$ 的极值点，且在点 (x_0,y_0) 处可偏导，则

$$f_x(x_0,y_0)=0,\ f_y(x_0,y_0)=0$$

证明　不妨设 $z=f(x,y)$ 在点 $P_0(x_0,y_0)$ 处有极大值．依极大值的定义，对任意的 $(x,y)\in \mathring{U}(P_0)$，都满足不等式 $f(x,y)<f(x_0,y_0)$．

特殊地，在邻域 $U(P_0)$ 内取 $y=y_0,x\neq x_0$ 的点，总有

$$f(x,y_0)<f(x_0,y_0)$$

成立，即 x_0 是一元函数 $f(x,y_0)$ 的极大值点．而 $f(x,y)$ 在点 (x_0,y_0) 处可偏导，从而必有

$$f_x(x_0,y_0)=0$$

同理可证

$$f_y(x_0,y_0)=0$$

定义 1.5.2　称同时使 $f_x(x,y)=0$ 和 $f_y(x,y)=0$ 成立的点 (x_0,y_0) 为二元函数 $z=f(x,y)$ 的驻点．

注 1　定理 1.5.1 表明对可偏导的函数，极值点必为驻点，但驻点不一定是极值点．如例 1.5.1(2) 中讨论的函数 $z=xy$，可求得 $f_x(0,0)=f_y(0,0)=0$，即点 $(0,0)$ 是函数 $z=xy$ 的驻点，但由例 1.5.1(2) 知 $(0,0)$ 不是 $f(x,y)$ 的极值点．

注 2　函数 $f(x,y)$ 的偏导函数不存在的点也可能是极值点．如例 1.5.1(1) 中讨论的函数 $z=4-\sqrt{x^2+y^2}$，在点 $(0,0)$ 处函数 $z=4-\sqrt{x^2+y^2}$ 的偏导数不存在，但由例 1.5.1(1) 知点 $(0,0)$ 是 $f(x,y)$ 的极大值点．

定理 1.5.2（极值存在的充分条件）　设函数 $z=f(x,y)$ 在点 (x_0,y_0) 处的某个邻域内具有二阶连续的偏导数，且 $f_x(x_0,y_0)=f_y(x_0,y_0)=0$. 记

$$A=f_{xx}(x_0,y_0),B=f_{xy}(x_0,y_0),C=f_{yy}(x_0,y_0)$$

则

(1) 当 $B^2-AC<0$ 时，$f(x_0,y_0)$ 是函数 f 的极值；当 $A<0$ 时，$f(x_0,y_0)$ 是函数 f 的极大值，当 $A>0$ 时，$f(x_0,y_0)$ 是函数 f 的极小值；

(2) 当 $B^2-AC>0$ 时，$f(x_0,y_0)$ 不是函数 f 的极值；

(3) 当 $B^2-AC=0$ 时，$f(x_0,y_0)$ 是否为函数 f 的极值不能判定．

此定理的证明超出本教材范围，证明略．

利用定理 1.5.1 和 1.5.2，对于具有二阶连续偏导数的函数 $z=f(x,y)$，可采取如下步骤来求函数的极值：

(1)求偏导数$f_x, f_y, f_{xx}, f_{xy}, f_{yy}$；

(2)解方程组$\begin{cases} f_x(x,y)=0 \\ f_y(x,y)=0 \end{cases}$,求出驻点；

(3)对于每一个驻点(x_0,y_0),求出相应的二阶偏导数A,B,C的值；

(4)确定B^2-AC及A的符号,并依据极值存在的充分条件判定$f(x_0,y_0)$是否是极值,是极大值还是极小值；

(5)求出极值点及相应的极值.

例 1.5.2 求函数$f(x,y)=x^3+y^3-3(x^2+y^2)$的极值.

解 $f_x=3x^2-6x, f_y=3y^2-6y, f_{xx}=6x-6, f_{xy}=0, f_{yy}=6y-6$

解方程组

$$\begin{cases} f_x=3x^2-6x=0 \\ f_y=3y^2-6y=0 \end{cases}$$

得驻点$(0,0),(2,2),(0,2),(2,0)$. 下面列表判定：

表 1-1

驻点	A	B	C	B^2-AC的符号	结论
$(0,0)$	-6	0	-6	$-$	极大值$f(0,0)=0$
$(2,2)$	6	0	6	$-$	极小值$f(2,2)=-8$
$(0,2)$	-6	0	6	$+$	$f(0,2)$不是极值
$(2,0)$	6	0	-6	$+$	$f(2,0)$不是极值

1.5.2 条件极值问题

上面给出的求二元函数$z=f(x,y)$极值的方法中,两个自变量x与y是相互独立的,即不受其他条件约束,此时的极值称为**无条件极值**,简称**极值**. 如果自变量x与y之间除了限制在函数的定义域内,还要满足一定的条件

$$g(x,y)=0 \tag{1.5.1}$$

(称为约束条件或约束方程),此时所求的极值称为**条件极值**.

在约束条件$g(x,y)=0$之下,求函数$z=f(x,y)$(通常称为目标函数)的极值有两种方法:代入法和拉格朗日乘数法.

1.5.2.1 代入法

此法的基本思想是将条件极值转化为无条件极值来处理. 即若能从约束方程$g(x,y)=0$中解出$y=\varphi(x)$,将其代入目标函数$z=f(x,y)$中,可得$z=f(x,\varphi(x))$;从而原问题变成了讨论一元函数$z=f(x,\varphi(x))$的极值问题.

例 1.5.3 求目标函数$z=xy$在约束条件$x+y=1$下的极值.

解 将目标函数$z=xy$在约束条件$x+y=1$下的极值转化为无条件极值来

求解.

将 $y=1-x$ 代入目标函数中,得

$$z=x(1-x)=-x^2+x$$

令 $z_x=-2x+1=0$,得驻点 $x=\frac{1}{2}$;且 $z_{xx}=-2<0$

故目标函数 $z=xy$ 在约束条件 $x+y=1$ 上有极大值 $z\Big|_{x=\frac{1}{2}}=\frac{1}{4}$.

1.5.2.2 拉格朗日乘数法

在约束条件(1.5.1)的情形下,我们来探讨求条件极值的另一种方法——拉格朗日乘数法.

如果函数 $z=f(x,y)$ 在 (x_0,y_0) 处取得条件极值,那么首先应有

$$g(x_0,y_0)=0 \tag{1.5.2}$$

假设在点 (x_0,y_0) 处的某一邻域内,$f(x,y)$ 与 $g(x,y)$ 均有连续的一阶偏导数,且 $g_y(x_0,y_0)\neq 0$. 由隐函数存在定理1.4.5知方程(1.5.1)确定了一个具有连续导数的函数 $y=\varphi(x)$,且其导数为

$$\frac{dy}{dx}\Big|_{x=x_0}=-\frac{g_x(x_0,y_0)}{g_y(x_0,y_0)}$$

并将函数 $y=\varphi(x)$ 代入函数 $z=f(x,y)$,便可得到一个一元函数

$$z=f(x,\varphi(x)) \tag{1.5.3}$$

从而函数 $z=f(x,y)$ 在 (x_0,y_0) 处取得条件极值,就等同于函数(1.5.3)在 $x=x_0$ 处取得无条件极值. 由一元函数(1.5.3)极值存在的必要条件,可得

$$\frac{dz}{dx}\Big|_{x=x_0}=f_x(x_0,y_0)+f_y(x_0,y_0)\cdot\frac{dy}{dx}\Big|_{x=x_0}=0$$

故有

$$f_x(x_0,y_0)-f_y(x_0,y_0)\cdot\frac{g_x(x_0,y_0)}{g_y(x_0,y_0)}=0 \tag{1.5.4}$$

(1.5.2)和(1.5.4)两式就是函数 $z=f(x,y)$ 在约束条件 $g(x,y)=0$ 下,在 (x_0,y_0) 处取得条件极值的必要条件.

设 $\frac{f_y(x_0,y_0)}{g_y(x_0,y_0)}=-\lambda$,上述必要条件就变为

$$\begin{cases} f_x(x_0,y_0)+\lambda g_x(x_0,y_0)=0 \\ f_y(x_0,y_0)+\lambda g_y(x_0,y_0)=0 \\ g(x_0,y_0)=0 \end{cases}$$

据此,我们引入关于条件极值问题的辅助函数

$$L(x,y,\lambda)=f(x,y)+\lambda g(x,y)$$

其中,称三元函数 $L(x,y,\lambda)$ 为**拉格朗日函数**,λ 为**拉格朗日乘数**,则 $f(x,y)$ 在约束条件 $g(x,y)=0$ 下的极值点就在方程组

$$\begin{cases}L_x=f_x(x,y)+\lambda g_x(x,y)=0\\L_y=f_y(x,y)+\lambda g_y(x,y)=0\\L_\lambda=g(x,y)=0\end{cases}\tag{1.5.5}$$

的所有解(x_0,y_0,λ_0)所对应的点(x_0,y_0)中,用这种方法来求可能的条件极值点的方法,称为**拉格朗日乘数法**.

注 利用拉格朗日乘数法求解目标函数$z=f(x,y)$在约束条件$g(x,y)=0$下的极值的一般步骤如下:

(1)构造拉格朗日函数$L(x,y,\lambda)=f(x,y)+\lambda g(x,y)$;

(2)求函数$L(x,y,\lambda)$的偏导数;

(3)解方程组(1.5.5),求出可能的条件极值点;

(4)判断所求得的点(x_0,y_0)是否为极值点.

对于实际问题的判别:当我们求出的可能的条件极值点(x_0,y_0)唯一,而实际问题又确实存在极值点,那么点(x_0,y_0)就是条件极值点.

例1.5.4 试在斜边长为l的直角三角形中,找一个周长最长的直角三角形.

解 设直角三角形两直角边长分别为x和y,问题就是求目标函数

$$f(x,y)=x+y+l$$

在约束条件$x^2+y^2=l^2$下的最大值.这个问题可表示为

$$\begin{aligned}&max\quad f(x,y)=x+y+l\\&s.t\quad g(x,y)=l^2-x^2-y^2=0\end{aligned}$$

其中,*max*表示求最大值(*maximize*),*s.t*表示约束条件(*subject to*).

构造拉格朗日函数

$$L(x,y,\lambda)=x+y+l+\lambda(l^2-x^2-y^2)$$

由方程组

$$\begin{cases}L_x=1-2\lambda x=0\\L_y=1-2\lambda y=0\\L_\lambda=l^2-x^2-y^2=0\end{cases}$$

解得 $x=\frac{l}{\sqrt{2}},\ y=\frac{l}{\sqrt{2}}$,或$x=-\frac{l}{\sqrt{2}},\ y=-\frac{l}{\sqrt{2}}$.

根据问题的实际意义,x,y应取正值,从而

$$x=\frac{l}{\sqrt{2}},\ y=\frac{l}{\sqrt{2}}$$

由问题的实际意义知,存在最长周长的直角三角形,且驻点唯一,因而所求得的唯一可能极值点就是最大值点,即当两直角边长均为$\frac{l}{\sqrt{2}}$时,周长最大.

例1.5.5 某厂有两种产品,市场每年对其需求量分别为1 200件和2 000

件．若分批生产，其每批生产准备费分别为40元和70元，每年每件产品库存费均为0.15元．设两种产品每批总生产能力为1 000件，试确定最优批量 x 和 y，使生产准备费和库存费之和最少．

解　这是生产准备费与库存费问题，在均匀售出情况下平均库存量为批量的一半．一年的库存费为

$$E_1=0.15\times\frac{x}{2}+0.15\times\frac{y}{2}=0.075(x+y).$$

因两种产品每批生产的批量分别为 x,y，则一年的批次分别为 $\frac{1\ 200}{x}$ 和 $\frac{2\ 000}{y}$，从而一年的总生产准备费为

$$E_2=40\times\frac{1\ 200}{x}+70\times\frac{2\ 000}{y}=\frac{48\ 000}{x}+\frac{140\ 000}{y}$$

故生产准备费和库存费之和为

$$E=0.075(x+y)+\frac{48\ 000}{x}+\frac{140\ 000}{y}$$

约束条件为

$$x+y=1\ 000$$

即所求解问题为

$$\begin{aligned}&min\quad E(x,y)=0.075(x+y)+\frac{48\ 000}{x}+\frac{140\ 000}{y}\\&s.t\quad g(x,y)=1\ 000-x-y=0\end{aligned}$$

构造拉格朗日函数

$$L(x,y,\lambda)=0.075(x+y)+\frac{48\ 000}{x}+\frac{140\ 000}{y}+\lambda(1\ 000-x-y)$$

由方程组

$$\begin{cases}L_x=0.075-\dfrac{48\ 000}{x^2}-\lambda=0\\L_y=0.075-\dfrac{140\ 000}{y^2}-\lambda=0\\L_\lambda=1\ 000-x-y=0\end{cases}$$

解得 $x=369,y=631$.

由问题的实际意义知，存在总费用的最小值，且驻点唯一，故当两种产品的批量分别为369和631时总费用最少．

上述求条件极值问题的方法具有一般性，可推广到自变量多于两个而条件多于一个的情形，例如，要求目标函数

$$u=f(x,y,z,t)$$

在约束条件

$$\begin{cases}\varphi(x,y,z,t)=0\\ \psi(x,y,z,t)=0\end{cases}\tag{1.5.6}$$

下的极值．可先构造拉格朗日函数

$$L(x,y,z,t,\lambda,\mu)=f(x,y,z,t)+\lambda\varphi(x,y,z,t)+\mu\,\psi(x,y,z,t)$$

其中 λ,μ 为拉格朗日乘数，则 $f(x,y,z,t)$ 在条件(1.5.6)下的极值点就在方程组

$$\begin{cases}L_x=f_x+\lambda\varphi_x+\mu\,\psi_x=0\\ L_y=f_y+\lambda\varphi_y+\mu\,\psi_y=0\\ L_z=f_z+\lambda\varphi_z+\mu\,\psi_z=0\\ L_t=f_t+\lambda\varphi_t+\mu\,\psi_t=0\\ L_\lambda=\varphi(x,y,z,t)=0\\ L_\mu=\psi(x,y,z,t)=0\end{cases}$$

的所有解 $(x_0,y_0,z_0,t_0,\lambda_0,\mu_0)$ 所对应的点 (x_0,y_0,z_0,t_0) 中．

例 1.5.6 设旋转抛物面 $z=x^2+y^2$ 被平面 $x+y+z=1$ 截得一椭圆，求此椭圆上的点到原点的最长距离和最短距离．

解 设椭圆上的点 P 的坐标为 (x,y,z)，则它到原点的距离

$$d=\sqrt{x^2+y^2+z^2}.$$

因点 P 既在抛物面 $z=x^2+y^2$ 上，又在平面 $x+y+z=1$ 上，所以所求解问题为

$$max \quad d(x,y)=\sqrt{x^2+y^2+z^2} \text{ 和 } min \quad d(x,y)=\sqrt{x^2+y^2+z^2}$$

$$s.t \quad g_1(x,y)=x^2+y^2-z=0 \quad \text{和} \quad g_2(x,y)=1-x-y-z=0$$

构造拉格朗日函数

$$L(x,y,z,\lambda,\mu)=x^2+y^2+z^2+\lambda(x^2+y^2-z)+\mu(1-x-y-z)$$

由方程组

$$\begin{cases}L_x=2x+2\lambda x-\mu=0\\ L_y=2y+2\lambda y-\mu=0\\ L_z=2z-\lambda-\mu=0\\ L_\lambda=x^2+y^2-z=0\\ L_\mu=1-x-y-z=0\end{cases}$$

解得 $x=y=\dfrac{-1\pm\sqrt{3}}{2},z=2\mp\sqrt{3}.$

这是两个可能的极值点

$$\left(\frac{-1+\sqrt{3}}{2},\ \frac{-1+\sqrt{3}}{2},\ 2-\sqrt{3}\right) \text{和} \left(\frac{-1-\sqrt{3}}{2},\ \frac{-1-\sqrt{3}}{2},\ 2+\sqrt{3}\right)$$

由问题的几何意义知，存在最大值与最小值．

当 $x=y=\dfrac{-1+\sqrt{3}}{2}, z=2-\sqrt{3}$ 时，

$$d=\sqrt{9-5\sqrt{3}}$$

当 $x=y=\dfrac{-1-\sqrt{3}}{2}, z=2+\sqrt{3}$ 时，

$$d=\sqrt{9+5\sqrt{3}}$$

故椭圆上的点到原点的最短距离为 $d=\sqrt{9-5\sqrt{3}}$，到原点的最长距离为 $d=\sqrt{9+5\sqrt{3}}$．

1.5.3　函数的最值

最值问题是求一个函数在其定义域中的最大值和最小值．我们已经知道，若函数 $f(x,y)$ 在有界闭区域 D 上连续，则函数 $f(x,y)$ 在 D 上存在最大值与最小值，其最值或在 D 的内部取得，或在 D 的边界上取得．如果函数的最大值或最小值点在区域 D 的内部，则这个点必然是函数的驻点或者是至少有一个一阶偏导数不存在的点．因而求有界闭区域 D 上连续函数 $f(x,y)$ 的最大值和最小值的一般方法为：

(1) 求出函数 $f(x,y)$ 在 D 内的可能极值点（全部驻点、一阶偏导不存在的点）及其函数值（这是求无条件极值）；

(2) 求出函数 $f(x,y)$ 在 D 的边界上的最大值和最小值（这是以函数 $f(x,y)$ 为目标函数，以 D 的边界曲线方程为约束条件的条件极值问题）；

(3) 比较(1)和(2)中求出的函数值，其中最大者就是函数 $f(x,y)$ 在 D 上的最大值，最小者就是函数 $f(x,y)$ 在 D 上的最小值．

例 1.5.7　求函数 $f(x,y)=x^2y(4-x-y)$ 在由直线 $x+y=6$，x 轴及 y 轴所围成闭区域 D 上的最值．

解　区域如图 1-39 所示．

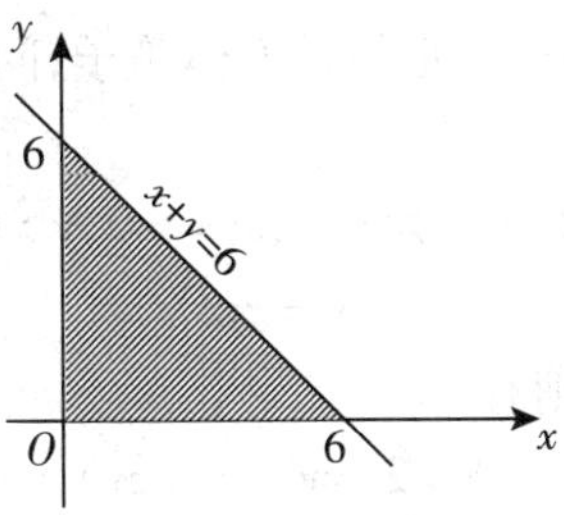

图 1-39

函数$f(x,y)$在闭区域D上连续,在D内可偏导.

先求函数$f(x,y)$在区域D内部的驻点.

由方程组

$$\begin{cases}f_x(x,y)=2xy(4-x-y)-x^2y=0\\f_y(x,y)=x^2(4-x-y)-x^2y=0\end{cases}$$

解得函数$f(x,y)$在区域D内的唯一驻点$(2,1)$,其函数值为$f(2,1)=4$.

在区域D的边界上的情况:

当$x=0,0\leqslant y\leqslant 6$时,有 $f(x,y)=0$;

当$y=0,0\leqslant x\leqslant 6$时,有 $f(x,y)=0$;

当$x+y=6,0\leqslant x\leqslant 6$时,我们使用代入法,求出函数$f(x,y)$在满足约束条件

$$x+y=6(0\leqslant x\leqslant 6)$$

下的最值,从约束条件中解出

$$y=6-x(0\leqslant x\leqslant 6)$$

将上式代入函数$f(x,y)$,得

$$\varphi(x)=f(x,6-x)=2x^3-12x^2(0\leqslant x\leqslant 6)$$

则原条件极值问题转化为求函数$\varphi(x)$在闭区间$[0,6]$上的最值问题

令$\varphi'(x)=6x^2-24x=0$,得$\varphi(x)$在$(0,6)$内唯一驻点$x=4$,则

$$\varphi(4)=f(4,2)=-64$$

而$\varphi(0)=\varphi(6)=0$,从而可知$\varphi(x)$在$[0,6]$上的最大值为0,最小值为-64.

综上所述,$f(x,y)$在D上的最大值为$f(2,1)=4$,最小值为$f(4,2)=-64$.

在求解实际问题的最值时,如果从问题的实际意义及所涉及函数的结构知道:

(1) 函数$f(x,y)$在开区域D内存在最大(小)值;

(2) 函数$f(x,y)$在开区域D内可偏导;

(3) 函数$f(x,y)$在开区域D内只有一个驻点.

则可断定开区域D内的唯一驻点就是函数$f(x,y)$在开区域D内的最大(小)值点,可以不再进行判别.

例1.5.8 要造一个容积一定的长方体箱子,问选择怎样的尺寸,才能使所用的材料最少?

解 设箱子的长、宽、高分别为$x,y,z(x>0,y>0,z>0)$,容积为V,则

$$V=xyz$$

设箱子的表面积为S,则有

$$S=2(xy+yz+zx)$$

由于$z=\dfrac{V}{xy}$,所以

$$S=2\left(xy+\frac{V}{x}+\frac{V}{y}\right)$$

这是关于 x,y 的二元函数，其定义域为开区域 $D=\{(x,y)\mid x>0,y>0\}$，且函数在 D 内可偏导，则由方程组

$$\begin{cases} S_x=2\left(y-\dfrac{V}{x^2}\right)=0 \\ S_y=2\left(x-\dfrac{V}{y^2}\right)=0 \end{cases}$$

解得唯一驻点$(\sqrt[3]{V},\sqrt[3]{V})$.

根据问题的实际意义知，S 一定存在最小值，所以$(\sqrt[3]{V},\sqrt[3]{V})$是使 S 取得最小值的点.

故当 $x=y=z=\sqrt[3]{V}$时，函数 S 取得最小值 $6V^{\frac{2}{3}}$，即在容积一定的条件下，当箱子的长、宽、高都相等时，造一个长方体箱子所用的材料最少.

习题 1.5

1. 求下列函数的极值：

(1)$z=x^2-y^2+1$；

(2)$f(x,y)=4(x-y)-x^2-y^2$；

(3)$z=x^2+(y-1)^2$；

(4)$z=x^3+y^3-3xy$.

2. 求函数 $z=x^2+y^2$ 在约束条件$\frac{x}{a}+\frac{y}{b}=1$ 下的极值.

3. 求由一定点 $P_0(x_0,y_0,z_0)$到平面 $Ax+By+Cz+D=0$ 的最短距离.

4. 求函数$f(x,y)=\sin x+\sin y-\sin(x+y)$在有界闭区域 D 上的最值，其中 D 是由直线 $x+y=2\pi$，x 轴和 y 轴所围成的三角形区域.

5. 造一半圆柱形的有盖浴盆(如图 1－40 所示)，其表面积为 A，问：其半径与高取何值时，浴盆容积最大？

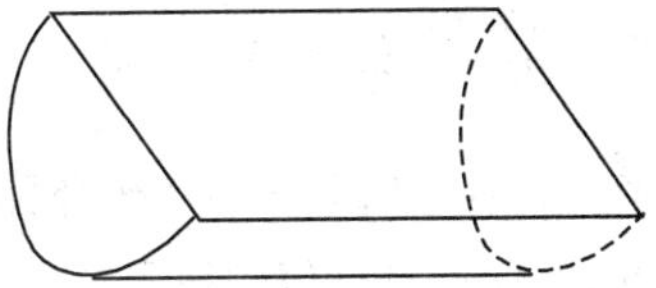

图 1－40

1.6 最小二乘法

作为二元函数极值的应用,在此介绍用最小二乘法建立直线型经验公式的问题.

对经济问题进行定量分析时,常常要研究一些经济变量之间的定量关系,并将这种定量关系用于经济预测和决策. 通常,经济变量之间的定量关系是在大量调查研究或掌握充分历史数据的基础上总结出来的经验公式. 建立经验公式的一个常用方法就是最小二乘法,下面我们通过具有线性关系的两个变量的情形来说明.

假设变量 x,y 之间存在一定关系,对它们进行 n 次测量(统计或调查),得到 n 组数据

$$(x_1,y_1),(x_2,y_2),\cdots,(x_n,y_n)$$

将这些数据看成直角坐标系中的 n 个点

$$A_i(x_i,y_i)\ (i=1,2,\cdots,n)$$

并把它们画在坐标平面上(如图 1-41),称该图为**散点图**. 如果这些点大致呈直线分布,则我们认为 x 与 y 之间存在线性关系. 设变量 x 与 y 之间的关系式为

$$y=ax+b$$

其中 a、b 为待定的参数.

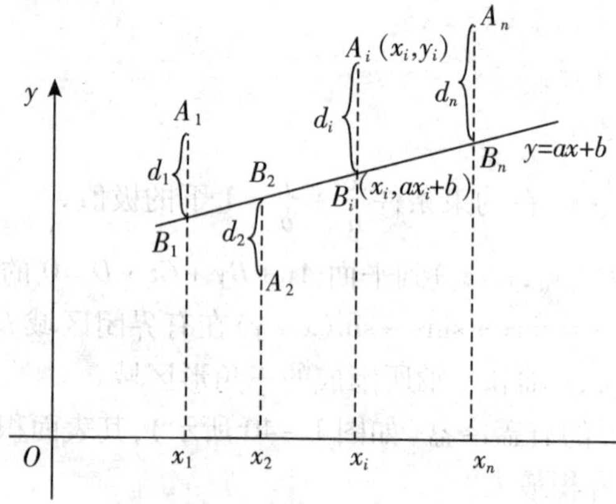

图 1-41

设在直线上与点 $A_i(x_i,y_i)\ (i=1,2,\cdots,n)$ 横坐标相同的点为

$$B_i(x_i,ax_i+b)\ (i=1,2,\cdots,n)$$

A_i 与 $B_i\ (i=1,2,\cdots,n)$ 的距离为

$$d_i=\left|ax_i+b-y_i\right|\ (i=1,2,\cdots,n)$$

称 d_i 为实测值与理论值的误差.

现在要求一组数 a 和 b，使误差的平方和（记作 S）

$$S=\sum_{i=1}^{n}d_i^2=\sum_{i=1}^{n}(ax_i+b-y_i)^2$$

最小，这种方法称为**最小二乘法**.

因 S 是 a 与 b 的二元函数，故由极值存在的必要条件，有方程组

$$\begin{cases}\dfrac{\partial S}{\partial a}=2\sum\limits_{i=1}^{n}(ax_i+b-y_i)x_i=0\\ \dfrac{\partial S}{\partial b}=2\sum\limits_{i=1}^{n}(ax_i+b-y_i)=0\end{cases}$$

整理上述方程组，可得参数 a 和 b 所应满足的方程组

$$\begin{cases}\left(\sum\limits_{i=1}^{n}x_i^2\right)a+\left(\sum\limits_{i=1}^{n}x_i\right)b=\sum\limits_{i=1}^{n}x_iy_i\\ \left(\sum\limits_{i=1}^{n}x_i\right)a+nb=\sum\limits_{i=1}^{n}y_i\end{cases}$$

称此方程组为**最小二乘法标准方程组**.

记此方程组的解为 $\hat{a}$ 和 $\hat{b}$，则

$$\hat{a}=\frac{\sum\limits_{i=1}^{n}x_iy_i-n\bar{x}\cdot\bar{y}}{\sum\limits_{i=1}^{n}x_i^2-n\bar{x}^2},\quad \hat{b}=\bar{y}-\hat{a}\bar{x}\qquad(1.6.1)$$

其中 $\bar{x}=\dfrac{1}{n}\sum\limits_{i=1}^{n}x_i$，$\bar{y}=\dfrac{1}{n}\sum\limits_{i=1}^{n}y_i$

于是，变量 x 和 y 之间的经验公式为

$$y=\hat{a}x+\hat{b}$$

例 1.6.1 我国城镇居民人均全年实际收入与人均消费水平的统计数据列表如下：

表 1－2 单位：元

年份	城镇居民消费水平（y）	城镇家庭人均全年实际收入（x）	年份	城镇居民消费水平（y）	城镇家庭人均全年实际收入（x）
1986	872	909.96	1996	5 532	4 844.78
1987	998	1 012.2	1997	5 823	5 188.54
1988	1 311	1 192.12	1998	6 109	5 449.5
1989	1 466	1 387.81	1999	6 405	5 864.7
1990	1 596	1 516.21	2000	6 850	6 295.91
1991	1 840	1 713.1	2001	7 113	6 868.9
1992	2 262	2 031.53	2002	7 387	8 177.4
1993	2 924	2 583.16	2003	7 901	9 061.22
1994	3 852	3 502.31	2004	8 679	10 128.51
1995	4 931	4 279.02	2005	9 393	11 320.77

依据上表中的统计数据，画出$(x_i,y_i)(i=1,2,\cdots,20)$的散点图，见图1－42. 从图中我们可以看出样本数据点(x_i,y_i)大致分别落在一条直线附近，这说明变量x与y之间具有明显的线性关系．试找出消费水平y与人均收入x之间的线性关系．

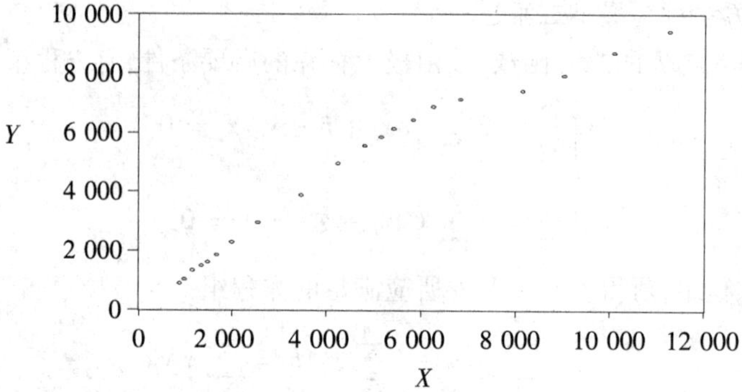

图1－42　城镇居民人均国民收入与人均消费水平的散点图

解　设所求的线性函数为$y=ax+b$. 则从统计的结果，可得

$$\bar{x}=\frac{1}{20}\sum_{i=1}^{20}x_i=4\,666.382\,5,\ \bar{y}=\frac{1}{20}\sum_{i=1}^{20}y_i=4\,662.2$$

$$\sum_{i=1}^{20}x_i^2=585\,294\,754,\ \sum_{i=1}^{20}x_iy_i=603\,806\,804.6$$

由公式(1.6.1)有

$$\hat{a}=\frac{\sum_{i=1}^{20}x_iy_i-20\bar{x}\bar{y}}{\sum_{i=1}^{20}x_i^2-20\bar{x}^2}=1.126\,19,\hat{b}=\bar{y}-\hat{a}\bar{x}=-593.036\,8$$

于是求得消费水平y与人均收入x之间的线性关系为

$$y=1.126\,19x-593.036\,8$$

1.7　偏导数在经济分析中的应用

1.7.1　边际与偏弹性

在一元函数微分学中，我们引入了边际与弹性的概念来分别表示经济函数在一点的变化率与相对变化率，这些概念可推广到多元函数微分学中，并被赋予了更丰富的经济含义．本小节以生产函数为例来说明边际与偏弹性的概念．

任何厂商的主要活动都是将其投入变成产出．经济学家对厂商在实现这一目标时所作的选择很感兴趣，但却希望避免讨论与之相连的许多技术上的错综复杂的问题．于是，他们选择用一个抽象的模型来刻画投入与产出之间的关系,这一关系可用**生产函数**来描述,**生产函数表示一特定的投入品组合与之所能生产的最大产量 Q 之间的关系**. 为简便起见,我们只讨论单一产品的生产情况,并且假设仅有两种投入品:劳动 L 和资本 K,生产函数可用二元函数表示为

$$Q=f(L,K).$$

1.7.1.1 投入要素的边际(物质)产量

一种投入的边际(物质)产量(*marginal physical product*)是在其他投入固定不变时,多使用一单位这种投入的额外产量. 用数学表示,有

劳动的边际产量

$$MP_L=\frac{\partial Q}{\partial L}=f_L$$

资本的边际产量

$$MP_K=\frac{\partial Q}{\partial K}=f_K$$

1.7.1.2 产出关于投入要素的偏弹性

产出关于投入要素的偏弹性是产出关于某个投入要素的相对变化率. 设生产函数 $Q=f(L,K)$ 可偏导,且 $L\neq0,k\neq0.\ Q\neq0.$

产出关于劳动的偏弹性

$$E_L=\frac{\partial Q}{\partial L}\cdot\frac{L}{Q}=\frac{\partial(\ln Q)}{\partial(\ln L)}$$

产出关于资本的偏弹性

$$E_K=\frac{\partial Q}{\partial K}\cdot\frac{K}{Q}=\frac{\partial(\ln Q)}{\partial(\ln K)}$$

例 1.7.1 设生产函数

$$Q=f(L,K)=AL^{\alpha}K^{\beta}\quad(A>0,\alpha>0,\beta>0)$$ ①

(1)求劳动投入的边际产量;

(2)求产出关于劳动投入的偏弹性;

(3)证明:若 $0<\alpha<1$,劳动投入的边际产量单调减少.

解 (1)劳动投入的边际产量为

$$MP_L=\frac{\partial Q}{\partial L}=\alpha AL^{\alpha-1}K^{\beta}$$

(2)生产函数 $Q=AL^{\alpha}K^{\beta}$ 两端取自然对数

$$\ln Q=\ln A+\alpha\ln L+\beta\ln K$$

则产出关于劳动投入的偏弹性为

$$E_L=\frac{\partial(\ln Q)}{\partial(\ln L)}=\alpha$$

---

① 这个函数称为柯布-道格拉斯(Cobb-Douglas)函数.

(3)由 $0<\alpha<1$ 得

$$\frac{\partial}{\partial L}(MP_L)=\alpha(\alpha-1)AL^{\alpha-2}K^{\beta}<0$$

于是,劳动投入的边际产量单调减少.

1.7.2 最值在经济学中的应用

多元函数的无条件极值和条件极值在经济学中应用广泛,本小节以利润最大与约束成本最小为例来说明多元函数的无条件极值和条件极值在经济学中的应用.

1.7.2.1 利润最大

设生产函数为 $y=f(x_1,x_2)$,其中 y 为产量,x_1,x_2 为投入要素,产品和投入要素的价格分别为 p 和 w_1、w_2,则利润函数为

$$\pi=pf(x_1,x_2)-w_1x_1-w_2x_2$$

若厂商的目标是利润最大化,则厂商应选择投入要素 x_1 和 x_2 的值,使利润函数取最大值.

这是一个无约束极值问题,利润最大化的一阶必要条件是:

$$\pi_1=\frac{\partial\pi}{\partial x_1}=pf_1-w_1=0$$

和

$$\pi_2=\frac{\partial\pi}{\partial x_2}=pf_2-w_2=0$$

上式可写为:

$$pMP_1=w_1,pMP_2=w_2 \tag{1.7.1}$$

其中,MP_i 表示投入要素 $x_i(i=1,2)$的边际产量.

在经济学中,产品的价格 p 与第 i 种投入要素的边际产量的乘积称为第 i 种投入要素的边际产品价值(*value of marginal product*),记为 VMP_i. 于是,利润最大化的一阶必要条件(1.7.1)可表示为

$$VMP_1=w_1,VMP_2=w_2 \tag{1.7.2}$$

上式的经济意义是:**当利润达到最大时,每一投入要素的边际产品价值等于该投入要素的价格**.

由(1.7.1)可得

$$\frac{MP_1}{MP_2}=\frac{w_1}{w_2} \tag{1.7.3}$$

上式的经济意义是:**当利润达到最大时,两种投入要素的边际产出之比等于投入要素的价格之比**.

利润极大化的二阶充分条件为

$$\pi_{11}<0,\pi_{22}<0,\pi_{12}^2-\pi_{11}\pi_{22}<0$$

由于 $\pi_{ij}=pf_{ij}$，二阶充分条件可简化为

$$f_{11}<0,\ f_{22}<0,\ f_{12}^2-f_{11}f_{22}<0$$

例 1.7.2　设生产函数为

$$f(L,K)=6L^{\frac{1}{3}}K^{\frac{1}{2}}$$

其产品价格为 $p=2$，劳动投入的价格为 $w=4$，资本投入的价格为 $r=3$. 在劳动与资本投入严格大于零的条件下，求使利润取得最大时的投入水平和最大利润.

解　利润函数为

$$\begin{aligned}\pi&=pf(L,K)-wL-rK\\&=12L^{\frac{1}{3}}K^{\frac{1}{2}}-4L-3K\end{aligned}$$

其定义域为开区域 $D=\{(L,K)\mid L>0,K>0\}$

由利润最大化的一阶必要条件，有

$$\begin{cases}\pi_L=4L^{-\frac{2}{3}}K^{\frac{1}{2}}-4=0\\\pi_K=6L^{\frac{1}{3}}K^{-\frac{1}{2}}-3=0\end{cases}$$

解方程组得利润函数在开区域 D 内唯一的驻点 $(L,K)=(8,16)$.

$$A=\pi_{LL}(8,16)=-\frac{1}{3},B=\pi_{LK}(8,16)=\frac{1}{8},C=\pi_{KK}(8,16)=-\frac{3}{32}$$

则由 $A=-\dfrac{1}{3}<0,B^2-AC=-\dfrac{1}{64}<0$，知 $(L,K)=(8,16)$ 是利润函数的极大值点.

由问题的实际意义知 $(L,K)=(8,16)$ 也是利润函数的最大值点. 从而当劳动投入为 8、资本投入为 16 时利润最大，最大利润为 $\pi\Big|_{(L,K)=(8,16)}=16$.

1.7.2.2　约束成本最小

设生产函数为 $y=f(x_1,x_2)$，其中 y 为产量，x_1,x_2 为投入要素，投入要素的价格为 w_1、w_2，则成本函数为

$$C=w_1x_1+w_2x_2$$

若厂商的目标是在产量为 y_0（y_0 为常数）时使成本最小化，则厂商应在产量约束的条件下，选择投入要素 x_1 和 x_2 的值，使成本函数取最小值.

这是一个条件极值问题，其数学模型为

$$\begin{aligned}&min\quad C=w_1x_1+w_2x_2\\&s.t\quad y_0-f(x_1,x_2)=0\end{aligned}$$

构造拉格朗日函数

$$L(x_1,x_2,\lambda)=w_1x_1+w_2x_2+\lambda\left[y_0-f(x_1,x_2)\right]$$

约束成本最小化的一阶必要条件是

$$\begin{cases} L_1 = \dfrac{\partial L}{\partial x_1} = w_1 - \lambda f_1 = 0 \\ L_2 = \dfrac{\partial L}{\partial x_2} = w_2 - \lambda f_2 = 0 \\ L_\lambda = y_0 - f(x_1, x_2) = 0 \end{cases}$$

在上述方程组中消去 λ 可得$\dfrac{f_1}{f_2} = \dfrac{w_1}{w_2}$,即

$$\frac{MP_1}{MP_2} = \frac{w_1}{w_2}$$

上式的经济意义是:**当约束成本达到最小时,两种投入要素的边际产量之比等于投入要素的价格之比**.

注 由约束成本最小化的一阶必要条件得

$$\lambda = \frac{w_1}{f_1} = \frac{w_2}{f_2}$$

或

$$\lambda = \frac{w_1}{MP_1} = \frac{w_2}{MP_2}$$

拉格朗日乘数 λ 的经济意义是:**产量为 y_0 时的边际成本**.

例 1.7.3 设生产函数为

$$y = 2x_1^\alpha x_2^\beta$$

其中 α,β 为正常数,$\alpha+\beta=1$. 设两种投入要素的价格为 w_1、w_2. 求当产量为 12 时,生产成本取得最小的投入水平.

解 所求解问题为

$$\begin{aligned} \min \quad & C = w_1 x_1 + w_2 x_2 \\ s.t \quad & 6 - x_1^\alpha x_2^\beta = 0 \end{aligned}$$

化简,得等价问题

$$\begin{aligned} \min \quad & C = w_1 x_1 + w_2 x_2 \\ s.t \quad & \ln 6 - \alpha \ln x_1 - \beta \ln x_2 = 0 \end{aligned}$$

构造拉格朗日函数

$$L(x_1, x_2, \lambda) = w_1 x_1 + w_2 x_2 + \lambda[\ln 6 - \alpha \ln x_1 - \beta \ln x_2]$$

建立方程组

$$\begin{cases} L_1 = w_1 - \lambda \cdot \dfrac{\alpha}{x_1} = 0 & (1) \\ L_2 = w_2 - \lambda \cdot \dfrac{\beta}{x_2} = 0 & (2) \\ L_\lambda = \ln 6 - \alpha \ln x_1 - \beta \ln x_2 = 0 & (3) \end{cases}$$

由(1)、(2)得

$$\frac{w_1}{w_2}=\frac{\alpha x_2}{\beta x_1}\text{或 } x_2=\frac{w_1\beta}{w_2\alpha}x_1$$

将 $x_2=\frac{w_1\beta}{w_2\alpha}x_1$ 代入(3)式得唯一驻点

$$x_1=6\left(\frac{w_2\alpha}{w_1\beta}\right)^{\beta},x_2=6\left(\frac{w_1\beta}{w_2\alpha}\right)^{\alpha}$$

由问题的实际意义知,当两种投入要素分别为

$$x_1=6\left(\frac{w_2\alpha}{w_1\beta}\right)^{\beta},x_2=6\left(\frac{w_1\beta}{w_2\alpha}\right)^{\alpha}$$

时,产量为 12 时,生产成本取得最小值.

习题 1.7

1. 求生产函数的边际产量和产出关于投入要素的偏弹性.

(1) $Q=100L^{\frac{1}{4}}K^{\frac{2}{3}}$;

(2) $Q=12L^{\frac{1}{3}}K^{\frac{2}{3}}$, $L=8$, $K=16$,给出经济解释.

2. 假设某企业有两个分工厂生产同一种产品,且在同一个市场销售,设其成本函数分别为

$$C_1=2q_1^2+4,C_2=6q_2^2+8$$

市场需求函数为

$$p=88-4q,q=q_1+q_2$$

企业追求最大利润,假设每个工厂的产量都严格大于零,试确定每个工厂的产量和产品的价格.

3. 假设某企业在两个相互分割的市场上出售同一种产品,两个市场的需求函数分别是

$$p_1=18-2q_1 \text{ 和 } p_2=12-q_2$$

其中 p_1 和 p_2 分别表示该产品在两个市场的价格(单位:万元/吨),q_1 和 q_2 分别表示该产品在两个市场的销售量(即需求量,单位:吨),并且该企业生产这种产品的总成本函数是

$$C=2q+5$$

其中 q 表示该产品在两个市场的销售总量,即 $q=q_1+q_2$.

(1) 如果该企业实行价格差别策略,假设每个市场的销售价格都严格大于零,试确定两个市场上该产品的销售价格,使该企业获得最大利润.在企业获得最大利润时,比较两个市场的需求价格弹性;

(2) 如果该企业实行价格无差别策略,试确定两个市场上该产品的统一销

售价格，使该企业的利润最大化，并比较两种价格策略下的总利润大小．

4. 某厂家生产的一种产品同时在两个市场销售，售价分别为 p_1 和 p_2，销售量分别为 q_1 和 q_2，需求函数分别为 $q_1=24-0.2p_1$，$q_2=10-0.05p_2$；总成本函数 $C=35+40(q_1+q_2)$．试问：厂家如何确定两个市场的售价，使其所获总利润最大？最大利润是多少？

5. 某公司通过电台及报刊两种方式做某种产品的推销广告．根据统计资料知：销售收入 R（万元）与电台广告费 x（万元）、报刊广告费 y（万元）的关系为

$$R(x,y)=15+14x+32y-8xy-2x^2-10y^2.$$

（1）在广告费用无限制时，求最佳广告策略；

（2）若提供的广告费用为 1.5 万元，求相应的最佳广告策略．

6. 设某消费者的效用函数为 $U(x,y)=x^{\frac{1}{2}}y$，其中 x 是甲商品的数量，y 是乙商品的数量．若甲、乙两种商品的单价分别为 $p_x=1$，$p_y=4$，消费者的可支配收入为 48，问 x、y 为多少时，消费者的效用达到最大．

总习题 1

1. 填空题

（1）函数 $f(x,y)=\sqrt{\sqrt{x}-y}+\dfrac{1}{\sqrt{x+y}}$，则定义域为________．

（2）$\lim\limits_{(x,y)\to(0,0)}\dfrac{\ln(1+x^2+y^2)}{\arcsin(x^2+y^2)}=$________．

（3）设 $z=(x+2y)^x$，则在点（1，0）处的全微分 $dz=$________．

（4）设资本投入为 K，劳动投入为 L 时，某产品的产出量为 y，且 $y=AK^{\alpha}L^{\beta}$，其中 A,α,β 均为常数，则 y 对资本的偏弹性 $\varepsilon_K=$________________，对劳动的偏弹性 $\varepsilon_L=$________．

（5）函数 $f(x,y)=4(x-y)-x^2-y^2$ 的极大值点为________．

2. 选择题

（1）设 $f(x,y)$ 在 (x_0,y_0) 处偏导数存在，则 $f(x,y)$ 在该点（　　）．

（A）极限存在　　（B）连续

（C）可微　　（D）以上结论均不成立

（2）设 $f(xy,x+y)=x^2+y^2+xy$，则 $\dfrac{\partial f(x,y)}{\partial x}=$（　　）．

（A）$2x+y$　　（B）-1

（C）1　　（D）$2y+x$

（3）已知 $(axy^3-y^2\cos x)dx+(1+by\sin x+3x^2y^2)dy$ 为某一函数 $f(x,y)$ 的

全微分,则 a 和 b 的值分别是(　　).

(A) -2 和 2　　(B) 2 和 -2

(C) -3 和 3　　(D) 3 和 -3

(4) 设 $f(x,y)=xy+\frac{a^3}{x}+\frac{b^3}{y}(a>0,b>0)$,则(　　).

(A) $(\frac{a^2}{b},\frac{b^2}{a})$ 是 $f(x,y)$ 的驻点,但非极值点

(B) $(\frac{a^2}{b},\frac{b^2}{a})$ 是 $f(x,y)$ 的极大值点

(C) $(\frac{a^2}{b},\frac{b^2}{a})$ 是 $f(x,y)$ 的极小值点

(D) $f(x,y)$ 无驻点

(5) 设 $u(x,y)$ 在平面有界闭区域 D 上具有连续的二阶偏导数,且满足 $\frac{\partial^2 u}{\partial x\partial y}\neq 0$ 及 $\frac{\partial^2 u}{\partial x^2}+\frac{\partial^2 u}{\partial y^2}=0$,则 $u(x,y)$ 的(　　).

(A) 最大值点和最小值点必定都在 D 的内部

(B) 最大值点和最小值点必定都在 D 的边界上

(C) 最大值点在 D 的内部,最小值点在 D 的边界上

(D) 最小值点在 D 的内部,最大值点在 D 的边界上

3. 设 $f(x+y,x-y)=x^2-y^2+\varphi(x+y)$ 且 $f(x,0)=x$,求 $f_x(0,1)$.

4. 求下列各极限:

(1) $\lim\limits_{(x,y)\to(0,0)}\frac{x^2y^2e^{x^2+y}\ln(y+2)}{1-\cos xy}$;

(2) $\lim\limits_{\substack{x\to+\infty\\ y\to+\infty}}(x^2+y^2)e^{-(x+y)}$.

5. 证明极限 $\lim\limits_{(x,y)\to(0,0)}(1+xy)^{\frac{1}{x+y}}$ 不存在.

提示:考虑点 (x,y) 沿直线 $y=kx^2-x$ 趋向点 $(0,0)$ 的情况

6. 求下列函数的偏导数:

(1) $u=\int_{xz}^{yz}e^{t^2}dt$;

(2) 设 $f(x,y)=\sqrt{|xy|}$,求 $\frac{\partial f}{\partial x}$.

7. 设 $z=yf(\frac{x}{y})+xg(\frac{y}{x})$,其中 f 和 g 具有二阶连续导数,求 $x\frac{\partial^2 z}{\partial x^2}+y\frac{\partial^2 z}{\partial x\partial y}$.

8. 设 $F(x+z,y+z)$ 可微,且 $F_1+F_2-z\neq 0$,求方程

$$F(x+z,y+z)-\frac{1}{2}(x^2+y^2+z^2)=2$$

所确定的函数 $z=z(x,y)$ 的微分 dz.

9. 已知$f(x,y)\Big|_{y=x^2}=1$, $f_1(x,y)\Big|_{y=x^2}=2x$,求$f_2(x,y)\Big|_{y=x^2}$.

10. 求函数 $z=x^3+y^3-3xy$ 的极值.

11. 已知$(ay+by\cos x)dx+(x+\sin x)dy$ 是函数 $u(x,y)$的全微分,求 a,b 及 $u(x,y)$.

12. 求旋转抛物面 $z=x^2+y^2$ 与平面 $x+y-2z=2$ 之间的最短距离.

13. 设生产函数和成本函数分别为

$$Q=4K^{\frac{1}{2}}L^{\frac{1}{2}},C=P_KK+P_LL=2K+8L$$

(1)当产量 $Q_0=64$ 时,求最低成本的投入组合及最低成本;

(2)当成本预算 $C_0=64$ 时,求两种要素投入量为多少时产量最高?最高产量为多少?

2 重积分

二重积分是定积分的推广．被积函数由一元函数 $y=f(x)$ 推广到二元函数 $z=f(x,y)$，积分范围由 x 轴上的闭区间 $[a,b]$ 推广到 xOy 平面上的有界闭区域 D.

本章用定积分的基本思想建立二重积分的概念，推导它的计算公式，研究它的计算方法．

2.1 二重积分的概念及其性质

2.1.1 二重积分的概念

二重积分的定义与定积分的定义类似，下面我们从曲顶柱体的体积问题引进二重积分的定义．

2.1.1.1 引例

设 D 是 xOy 平面上的有界闭区域，以曲面 $z=f(x,y)\geqslant 0$ 为顶，以区域 D 为底，以 D 的边界 C 为**准线**，**母线**平行于 z 轴的柱面为**侧面的**立体称为**曲顶柱体**（如图 2－1）.

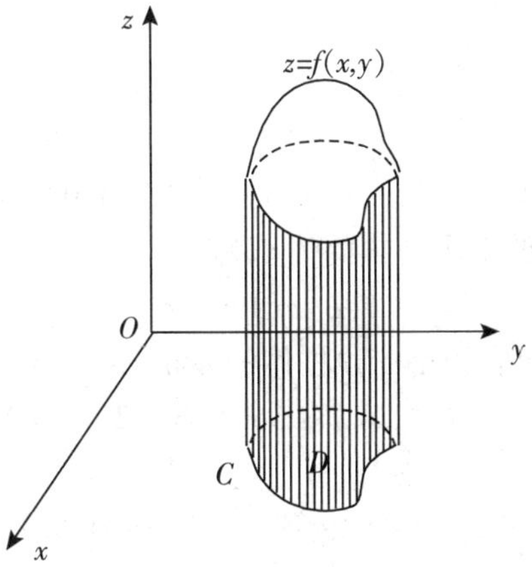

图 2－1

如果$f(x,y)\equiv C$(常数$C>0$),则曲顶柱体变为平顶柱体,从而它的体积为

$$V=CA$$

其中,A是有界闭区域D的面积.

但当$f(x,y)$不是常值函数时,曲顶柱体的顶是曲面,它的高$f(x,y)$在D上是变量,下面我们仿照求曲边梯形面积的方法来计算此曲顶柱体的体积.即

(1)分割

将区域D任意分为n个小闭区域(如图2-2所示)

$$\Delta\sigma_1,\Delta\sigma_2,\cdots,\Delta\sigma_n$$

并以$\Delta\sigma_i(i=1,2,\cdots,n)$表示第$i$个小闭区域的面积;称区域$\Delta\sigma_i$内任意两点间距离的最大值为该**区域$\Delta\sigma_i$的直径**,以$d_i$表示;再以各小区域的边界为准线,作母线平行于$z$轴的柱面,这些柱面就把原来的曲顶柱体分割成了$n$个小曲顶柱体.记第$i$个小曲顶柱体体积为$\Delta V_i$,则$V=\sum\limits_{i=1}^{n}\Delta V_i$.

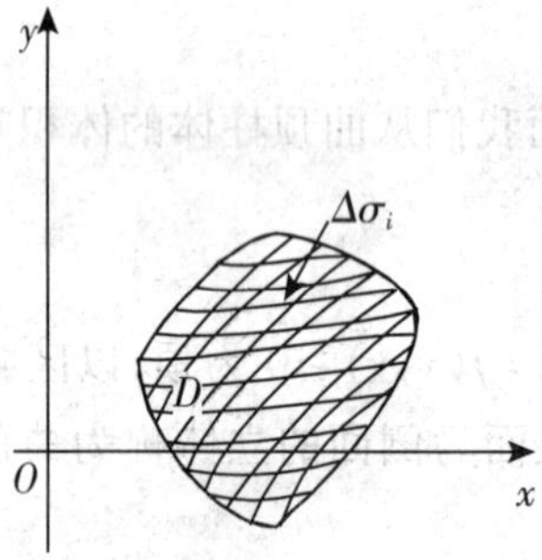

图2-2

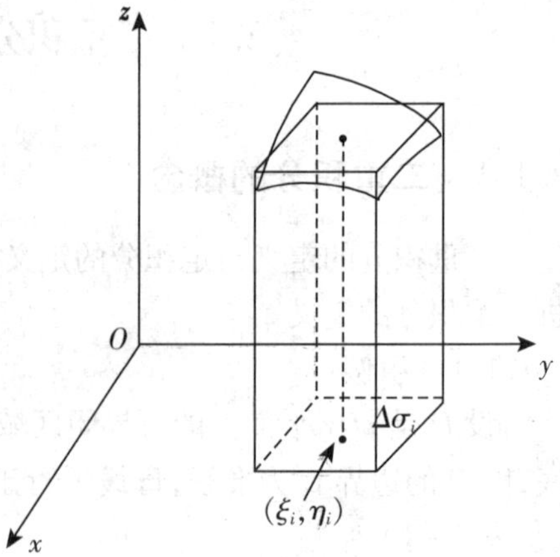

图2-3

(2)近似代替

在每个小曲顶柱体的底$\Delta\sigma_i$上任取一点$(\xi_i,\eta_i)(i=1,2,\cdots,n)$,则以$\Delta\sigma_i$为底,以$f(\xi_i,\eta_i)$为高的平顶柱体的体积为

$$f(\xi_i,\eta_i)\cdot\Delta\sigma_i$$

将上式作为与其同底的小曲顶柱体的体积ΔV_i的近似值(如图2-3),即

$$\Delta V_i\approx f(\xi_i,\eta_i)\cdot\Delta\sigma_i(i=1,2,\cdots,n).$$

(3)求和

n个小平顶柱体体积之和可作为所求曲顶柱体体积V的近似值

$$V\approx\sum_{i=1}^{n}f(\xi_i,\eta_i)\cdot\Delta\sigma_i.$$

(4) 取极限

记 $d=\max\limits_{1\leqslant i\leqslant n}\{d_i \mid d_i \text{ 为 } \Delta\sigma_i \text{ 的直径}\}$,如果当 $d\to 0$ 时,极限

$$\lim_{d\to 0}\sum_{i=1}^{n}f(\xi_i,\eta_i)\Delta\sigma_i$$

存在,则我们将这个极限值定义为曲顶柱体的体积,即

$$V=\lim_{d\to 0}\sum_{i=1}^{n}f(\xi_i,\eta_i)\Delta\sigma_i$$

由上述定义可知,曲顶柱体的体积可用一个和式的极限

$$\lim_{d\to 0}\sum_{i=1}^{n}f(\xi_i,\eta_i)\Delta\sigma_i$$

来表达.

事实上,有许多实际问题的解决都是采取分割、近似、求和、取极限的方法,而最后都归结为这一种结构的和式的极限. 我们抛开问题的实际意义,仅从数量关系上的共性加以概括抽象,由上述和式的极限就得到了二重积分的概念.

2.1.1.2　二重积分的概念

定义 3.1.1　设 $f(x,y)$ 是定义在有界闭区域 D 上的二元函数,将闭区域 D 任意分成 n 个小闭区域

$$\Delta\sigma_1,\Delta\sigma_2,\cdots,\Delta\sigma_n$$

并以 $\Delta\sigma_i$ 和 $d_i(i=1,2,\cdots,n)$ 分别表示第 i 个小闭区域的面积和直径,记

$$d=\max_{1\leqslant i\leqslant n}\{d_i\}$$

在每个小闭区域 $\Delta\sigma_i(i=1,2,\cdots,n)$ 上任取一点 (ξ_i,η_i),作和式

$$\sum_{i=1}^{n}f(\xi_i,\eta_i)\cdot\Delta\sigma_i$$

当各小闭区域中的最大直径 $d\to 0$ 时,若极限

$$\lim_{d\to 0}\sum_{i=1}^{n}f(\xi_i,\eta_i)\Delta\sigma_i$$

存在,且与区域的分法及点 (ξ_i,η_i) 的选取无关,则称函数 $f(x,y)$ 在闭区域 D 上是可积的,并称此极限值为函数 $f(x,y)$ 在闭区域 D 上的二重积分,记作

$$\iint_D f(x,y)\,d\sigma$$

即

$$\iint_D f(x,y)\,d\sigma=\lim_{d\to 0}\sum_{i=1}^{n}f(\xi_i,\eta_i)\cdot\Delta\sigma_i$$

其中 D 称为**积分区域**,$f(x,y)$ 称为**被积函数**,$f(x,y)\,d\sigma$ 称为**被积表达式**,$d\sigma$ 称为**面积元素**,x,y 称为积分变量,$\iint_D f(x,y)\,d\sigma$ 亦称为**积分值**.

定理 2.1.1 若函数 $f(x,y)$ 在有界闭区域 D 上可积，则函数 $f(x,y)$ 在 D 上有界.

定理 2.1.2 若函数 $f(x,y)$ 在有界闭区域 D 上连续，则函数 $f(x,y)$ 在 D 上可积.

2.1.1.3 二重积分的几何意义

当函数 $f(x,y)$ 在区域 D 上连续且非负时，二重积分 $\iint\limits_D f(x,y)d\sigma$ 表示以曲面 $z=f(x,y)$ 为顶，以区域 D 为底的曲顶柱体的体积 V，即

$$V=\iint\limits_D f(x,y)d\sigma$$

2.1.2 二重积分的性质

二重积分与一元函数定积分具有类似的性质. 下面假设所讨论的二重积分都是存在的.

性质 2.1.1（可加性）

$$\iint\limits_D [f(x,y) \pm g(x,y)]d\sigma = \iint\limits_D f(x,y)d\sigma \pm \iint\limits_D g(x,y)d\sigma$$

性质 2.1.2（齐次性）

$$\iint\limits_D kf(x,y)d\sigma = k\iint\limits_D f(x,y)d\sigma \ (k\text{ 为常数})$$

性质 2.1.3（对积分区域的可加性） 如果积分区域 D 被一条曲线分成 D_1 和 D_2 两个区域（如图 2-4），则

$$\iint\limits_D f(x,y)d\sigma = \iint\limits_{D_1} f(x,y)d\sigma + \iint\limits_{D_2} f(x,y)d\sigma$$

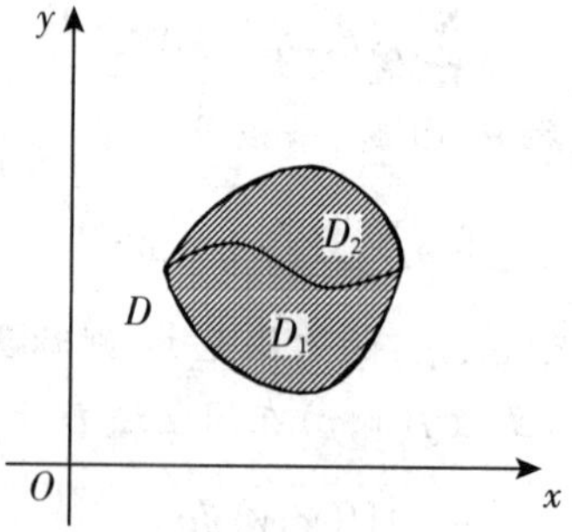

图 2-4

性质 2.1.4（积分的比较性质） 如果在区域 D 上恒有 $f(x,y)\leqslant g(x,y)$，则

$$\iint\limits_D f(x,y)d\sigma \leqslant \iint\limits_D g(x,y)d\sigma$$

由上述性质，我们有如下推论

$$\left|\iint_D f(x,y)\,d\sigma\right| \leqslant \iint_D |f(x,y)|\,d\sigma$$

性质 2.1.5　如果在区域 D 上有 $f(x,y)\equiv 1$，A 为区域 D 的面积，则

$$A=\iint_D 1\cdot d\sigma=\iint_D d\sigma$$

性质 2.1.6(**估值定理**)　设 M 和 m 分别是函数 $f(x,y)$ 在 D 上的最大值与最小值，A 为 D 的面积，则

$$mA\leqslant \iint_D f(x,y)\,d\sigma \leqslant MA$$

性质 2.1.7(积分的中值定理)　若函数 $f(x,y)$ 在有界闭区域 D 上连续，A 为 D 的面积，则至少存在一点 $(\xi,\eta)\in D$，使得

$$\iint_D f(x,y)\,d\sigma=f(\xi,\eta)A$$

注　中值定理的几何意义为：在闭区域 D 上以曲面 $z=f(x,y)$ 为顶的曲顶柱体的体积等于以区域 D 上某一点 (ξ,η) 的函数值为高，以 D 为底的平顶柱体的体积．

习题 2.1

1. 利用二重积分的几何意义填空：

(1) 设 D 是由 x 轴、y 轴及直线 $2x+y-2=0$ 所围成的区域，则 $\iint_D d\sigma=$________；

(2) 设 D 是以原点为中心，R 为半径的圆，则 $\iint_D \sqrt{R^2-x^2-y^2}\,d\sigma=$____________．

2. 根据二重积分的性质，比较下列积分的大小．

(1) $\iint_D (x+y)^2 d\sigma$ 与 $\iint_D (x+y)^3 d\sigma$，其中 D 由 x 轴、y 轴及直线 $x+y=1$ 围成；

(2) $\iint_D \ln(x+y)\,d\sigma$ 与 $\iint_D [\ln(x+y)]^2 d\sigma$，其中

$$D=\{(x,y)\mid 3\leqslant x\leqslant 5,0\leqslant y\leqslant 1\}.$$

2.2　二重积分的计算

二重积分的计算方法,是把二重积分化为二次积分(或累次积分),即计算两次定积分.

2.2.1　直角坐标系下二重积分的计算

由二重积分的定义知:若函数 $f(x,y)$ 在 D 上可积,则其和式的极限的存在性与区域 D 的分法无关,即与小区域 $\Delta\sigma_i\ (i=1,2,\cdots,n)$ 的形状无关. 在直角坐标系下,我们常采用平行于坐标轴的直线来划分区域 D(如图 2-5),此时的小区域 $\Delta\sigma_i$ 的形状为小矩形,其边长分别为 Δx_i 和 Δy_i,即

$$\Delta\sigma_i=\Delta x_i\Delta y_i$$

因而面积元素 $d\sigma$ 也常记作 $dxdy$,从而在直角坐标系下,二重积分也可以记作

$$\iint\limits_D f(x,y)\,dxdy$$

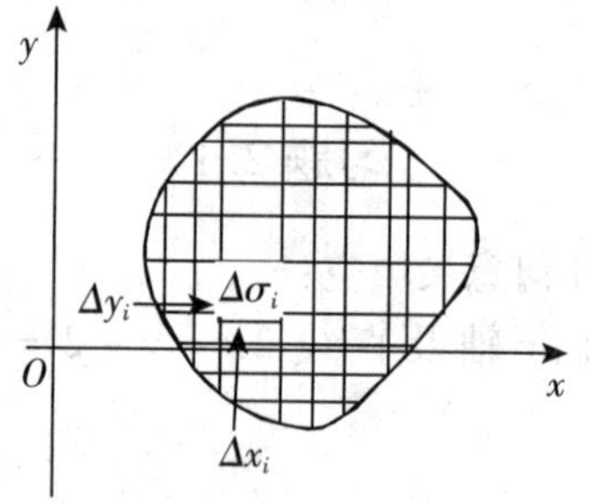

图 2-5

称形如 $D=\{(x,y)\mid\varphi_1(x)\leqslant y\leqslant\varphi_2(x),a\leqslant x\leqslant b\}$ 的闭区域为 X **型区域**. 它由直线 $x=a,x=b$ 及曲线 $y=\varphi_1(x),y=\varphi_2(x)\ (x\in[a,b])$ 所围成(如图 2-6). 其中 $\varphi_1(x)$ 和 $\varphi_2(x)$ 在 $[a,b]$ 上连续.

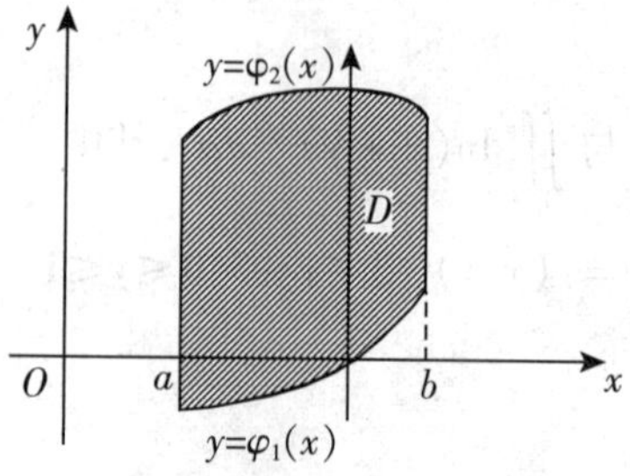

图 2-6

称形如 $D=\{(x,y)\mid\psi_1(y)\leqslant x\leqslant\psi_2(y),c\leqslant y\leqslant d\}$ 的闭区域为 **Y 型区域**. 它是由直线 $y=c,y=d$ 及曲线 $x=\psi_1(y),x=\psi_2(y)(y\in[c,d])$ 所围成(如图 2－7 所示). 其中 $\psi_1(y)$ 和 $\psi_2(y)$ 在 $[c,d]$ 上连续.

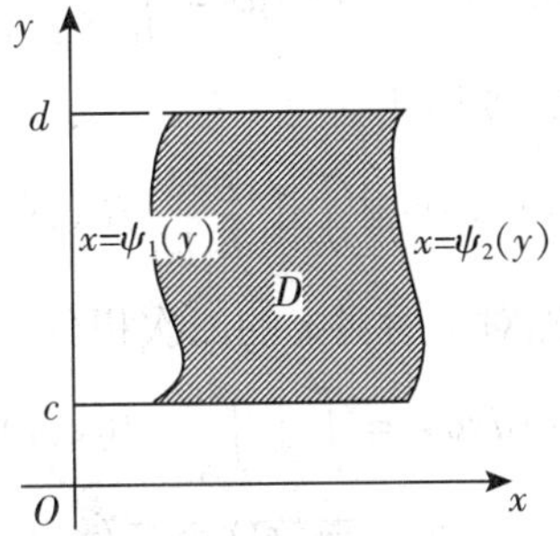

图 2－7

下面利用二重积分的几何意义来寻求二重积分的计算方法.

设曲顶柱体的顶是 $z=f(x,y)$,底是区域 D,其中 D 是由 xOy 平面上的直线 $x=a,x=b(a<b)$ 与曲线 $y=\varphi_1(x),y=\varphi_2(x)$ 所围成(如图 2－6).

为了确定曲顶柱体的体积 V,在 x 轴上任取一点 $x\in[a,b]$,过该点作一个垂直于 x 轴的平面去截曲顶柱体,其截面面积为 $S(x)$(如图 2－8 所示).

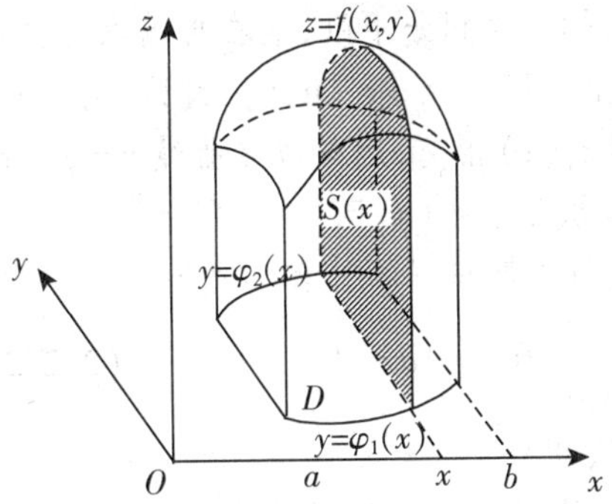

图 2－8

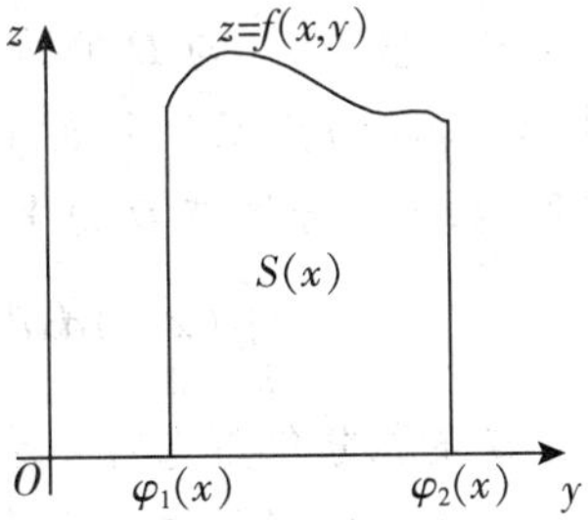

图 2－9

由定积分可知:平行截面面积已知的立体的体积为定积分

$$V=\int_a^b S(x)\,dx$$

而对于区间 $[a,b]$ 上每一个固定的 x,$S(x)$ 就是一个曲边梯形的面积(如图 2－9);此曲边梯形的曲边是由方程 $z=f(x,y)$ 确定的关于 y 的一元函数,而底边是沿着 y 轴方向从 $\varphi_1(x)$ 到 $\varphi_2(x)$ 的线段. 则由曲边梯形的面积公式得

$$S(x) = \int_{\varphi_1(x)}^{\varphi_2(x)} f(x,y)dy$$

从而

$$V = \iint\limits_D f(x,y)dxdy = \int_a^b S(x)dx = \int_a^b [\int_{\varphi_1(x)}^{\varphi_2(x)} f(x,y)dy]dx$$

于是得到二重积分的计算公式

$$\iint\limits_D f(x,y)dxdy = \int_a^b [\int_{\varphi_1(x)}^{\varphi_2(x)} f(x,y)dy]dx$$

上式右端的积分称为先对 y 后对 x 的二次积分．常简写为

$$\iint\limits_D f(x,y)dxdy = \int_a^b [\int_{\varphi_1(x)}^{\varphi_2(x)} f(x,y)dy]dx \tag{2.2.1}$$

如果去掉 $f(x,y)$ 在 D 上是非负函数这个条件，公式(2.2.1)依然成立．

注 当积分区域 D 为 X 型区域时，把二重积分化为二次定积分时，要明确以下两点：

(1) 积分次序：先把 x 看成常数，把 $f(x,y)$ 只看成 y 的函数来计算定积分 $\int_{\varphi_1(x)}^{\varphi_2(x)} f(x,y)dy$，积分的结果是 x 的函数，然后再对此函数在区间 $[a,b]$ 上对 x 作定积分；

(2) 积分上下限：将二重积分化为二次积分，关键是确定积分限．其中，对 x 的积分限是：区域 D 的最左端端点的横坐标 a 为积分下限，最右端端点的横坐标 b 为积分上限；对 y 的积分限是：在 x 轴上任取一点 $x \in [a,b]$，过该点作一条垂直于 x 轴的直线，先与 D 的边界曲线 $y = \varphi_1(x)$ 相交，后与边界曲线 $y = \varphi_2(x)$ 相交，则 $y = \varphi_1(x)$ 为积分下限，$y = \varphi_2(x)$ 为积分上限(如图 2-6 所示)．

类似地，当积分区域 D 为 Y 型区域时，则二重积分的计算公式为

$$\iint\limits_D f(x,y)dxdy = \int_c^d [\int_{\psi_1(y)}^{\psi_2(y)} f(x,y)dx]dy \tag{2.2.2}$$

即把二重积分化为先对 x 后对 y 的二次积分．

综上所述二重积分的计算就是分别对变量 x 和 y 作两次定积分的计算．

例 2.2.1 计算 $\iint\limits_D xy^2 dxdy$，其中区域 D 由抛物线 $y = x^2$ 和直线 $y = x$ 所围成．

解 积分区域 D 如图 2-10．

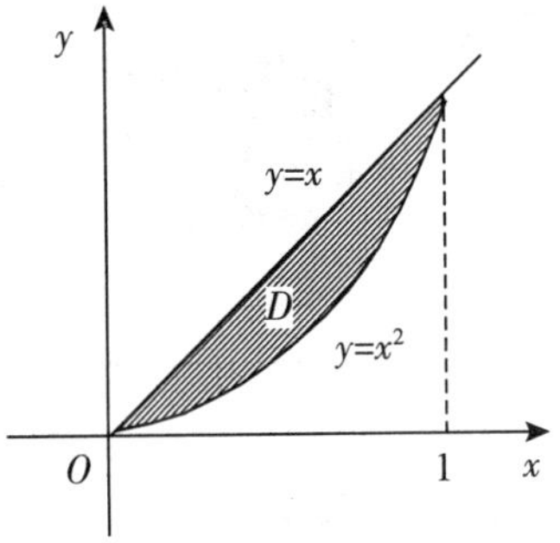

图 2-10

先对 y 后对 x 积分，其中

$$D:\begin{cases}x^2\leqslant y\leqslant x\\0\leqslant x\leqslant 1\end{cases}$$

则有

$$\iint_D xy^2 d\sigma = \int_0^1 [\int_{x^2}^x xy^2 dy] dx$$

$$= \int_0^1 (x\cdot\frac{1}{3}y^3 \Big|_{x^2}^{x}) dx$$

$$= \int_0^1 (\frac{1}{3}x^4 - \frac{1}{3}x^7) dx = \frac{1}{40}$$

如果积分区域 D 是一矩形，即 $D=\{(x,y)\mid a\leqslant x\leqslant b, c\leqslant y\leqslant d\}$，且函数 $f(x,y)$ 在 D 上连续，则式(2.2.1)与式(2.2.2)变为

$$\iint_D f(x,y)dxdy]dx = \int_a^b [\int_c^d f(x,y)dy]dx = \int_c^d [\int_a^b f(x,y)dx]dy$$

如果函数 $f(x,y)=f(x)g(y)$ 在区域 D 上可积，其中区域

$$D=\{(x,y)\mid a\leqslant x\leqslant b, c\leqslant y\leqslant d\}$$

则

$$\iint_D f(x)g(y)dxdy = \int_a^b f(x)dx\cdot\int_c^d g(y)dy$$

例如，$\int_1^2 dx\int_0^1 x^2y^5dy = (\int_1^2 x^2dx)\cdot(\int_0^1 y^5dy) = \frac{7}{3}\cdot\frac{1}{6} = \frac{7}{18}$

如果垂直于坐标轴的直线与区域 D 的边界曲线交点多于两个(如图 2-11)，则需要将区域 D 分成若干个部分区域，使每个部分区域的边界曲线与垂直于坐标轴的直线的交点不多于两个，然后再根据二重积分对区域的可加性来计算二重积分.

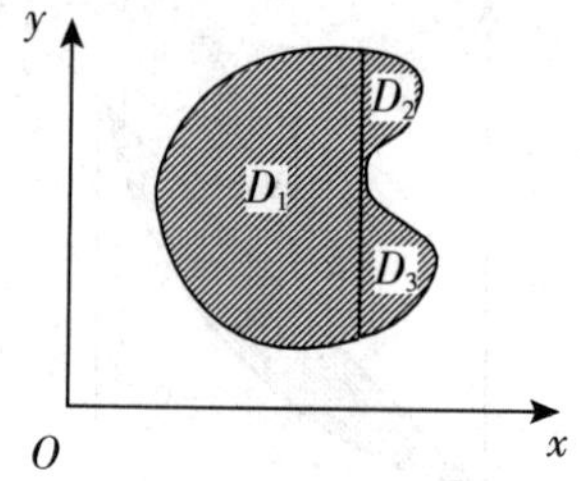

图 2-11

例 2.2.2 计算二重积分 $\iint\limits_D (x+y+6)dxdy$，其中区域 D 由直线 $y=x+1$，$y=1-x$ 和 $y=0$ 围成．

解 先画出区域 D 的图形(如图 2-12)．若将 D 看成 X 型区域，需用直线 $x=0$ 将区域 D 分为 D_1 和 D_2 两部分，先对 y 后对 x 积分，其中

$$D_1:\begin{cases}0\leqslant y\leqslant 1+x\\ -1\leqslant x\leqslant 0\end{cases};\quad D_2:\begin{cases}0\leqslant y\leqslant 1-x\\ 0\leqslant x\leqslant 1\end{cases}$$

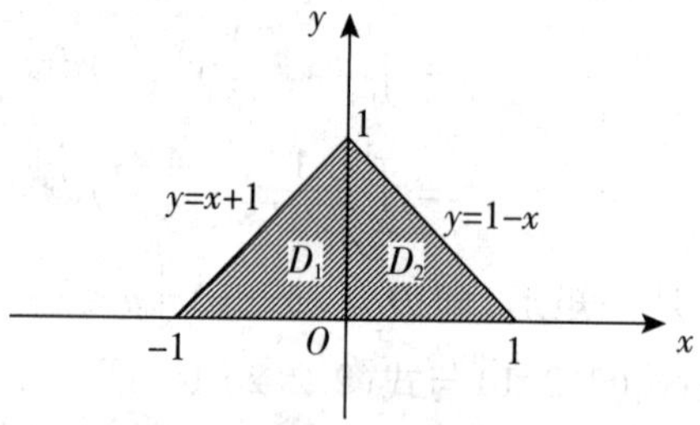

图 2-12

此时对二重积分的计算需计算两个二次积分．

但若把 D 看成 Y 型区域，先对 x 后对 y 积分，则积分区域

$$D:\begin{cases}y-1\leqslant x\leqslant 1-y\\ 0\leqslant y\leqslant 1\end{cases}.$$

此时对二重积分的计算只需计算一个二次积分，即

$$\begin{aligned}\iint\limits_D (x+y+6)dxdy &= \int_0^1 \left[\int_{y-1}^{1-y}(x+y+6)dx\right]dy\\ &= \int_0^1 \left[\frac{1}{2}x^2+yx+6x\right]\Big|_{y-1}^{1-y}dy\\ &= -\int_0^1 (2y^2+10y-12)dy\\ &= \frac{19}{3}\end{aligned}$$

例 2.2.3 计算二重积分 $\iint\limits_D \frac{\sin y}{y}dxdy$，其中区域 D 由直线 $y=x$ 及抛物线 $x=y^2$ 围成.

解 将 D 看成 X 型区域(如图 2－13)，先对 y 后对 x 积分，则积分区域 D 为

$$D:\begin{cases}x\leqslant y\leqslant\sqrt{x}\\0\leqslant x\leqslant 1\end{cases}$$

则有

$$\iint\limits_D \frac{\sin y}{y}dxdy = \int_0^1\left[\int_x^{\sqrt{x}}\frac{\sin y}{y}dy\right]dx$$

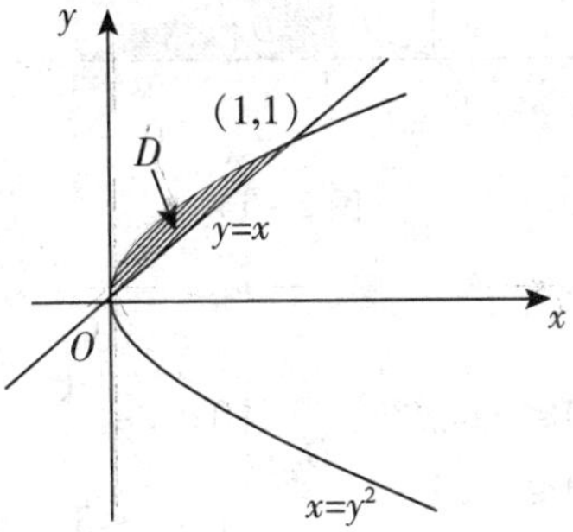

图 2－13

因积分 $\int\frac{\sin y}{y}dy$ 积不出来，故不能先对 y 积分，须将区域 D 看成 Y 型区域，先对 x 后对 y 积分，从而积分区域

$$D:\begin{cases}y^2\leqslant x\leqslant y\\0\leqslant y\leqslant 1\end{cases},$$

则

$$\begin{aligned}\iint\limits_D \frac{\sin y}{y}dxdy &= \int_0^1\left[\int_{y^2}^{y}\frac{\sin y}{y}dx\right]dy\\&=\int_0^1\frac{\sin y}{y}\cdot x\Big|_{y^2}^{y}dy\\&=\int_0^1\frac{\sin y}{y}(y-y^2)dy\\&=\int_0^1\sin y dy-\int_0^1 y\sin y dy\\&=1-\sin 1\\&=0.158\ 5.\end{aligned}$$

本例中的积分区域 D 既是 X 型区域，又是 Y 型区域，但是只能选择先 x 后 y 的积分次序.

由例 2.2.2 及例 2.2.3 可知：积分次序的选择不仅是使计算繁简的问题，有时还涉及能否计算出结果的问题．

例 2.2.4 交换下列积分次序

$$I=\int_0^1\left[\int_0^{x^2}f(x,y)dy\right]dx+\int_1^3\left[\int_0^{\frac{1}{2}(3-x)}f(x,y)dy\right]dx$$

解 积分区域 $D=D_1\cup D_2$（如图 2－14），

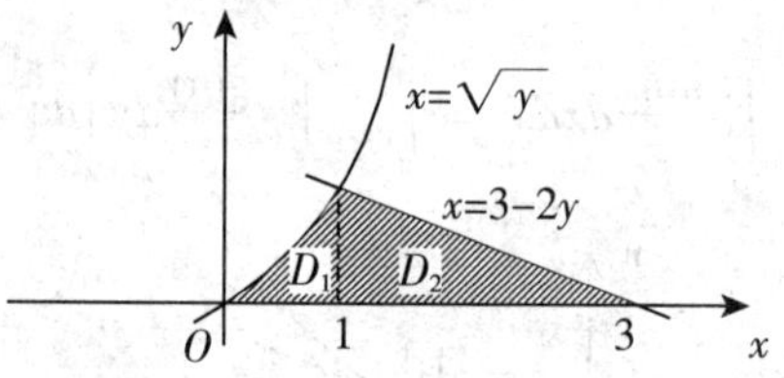

图 2－14

其中

$$D_1:\begin{cases}0\leqslant y\leqslant x^2\\0\leqslant x\leqslant 1\end{cases};\quad D_2:\begin{cases}0\leqslant y\leqslant \dfrac{1}{2}(3-x)\\1\leqslant x\leqslant 3\end{cases}$$

将 D 看成 Y 型区域，先对 x 后对 y 积分，则积分区域

$$D:\begin{cases}\sqrt{y}\leqslant x\leqslant 3-2y\\0\leqslant y\leqslant 1\end{cases}$$

则

$$\begin{aligned}I&=\int_0^1\left[\int_0^{x^2}f(x,y)dy\right]dx+\int_1^3\left[\int_0^{\frac{1}{2}(3-x)}f(x,y)dy\right]dx\\&=\int_0^1\left[\int_{\sqrt{y}}^{3-2y}f(x,y)dx\right]dy\end{aligned}$$

注 二重积分的计算步骤为：

(1) 画出积分区域 D 的图形；

(2) 根据积分区域 D 的形状和被积函数的结构来选择积分次序；

(3) 用不等式组表示出积分区域 D，从而确定二次积分的上、下限；

(4) 将二重积分化为相应的二次积分．

2.2.2 极坐标系下二重积分的计算

当积分区域 D 是圆域、环域、扇形域等，或被积函数为形如

$$f(x^2+y^2),\ f\left(\frac{y}{x}\right)$$

等形式时，在极坐标系下计算二重积分较为方便．

将二重积分 $\iint\limits_D f(x,y)d\sigma$ 化为极坐标形式,有以下两个问题需要解决:

(1) 如何把被积函数 $f(x,y)$ 化为极坐标形式;

(2) 如何把面积元素 $d\sigma$ 化为极坐标形式.

选取极坐标系时,若以平面直角坐标系的原点 O 为极点,以 x 轴为极轴,则直角坐标与极坐标的关系为

$$\begin{cases} x = r\cos\theta \\ y = r\sin\theta \end{cases}$$

从而被积函数 $f(x,y)$ 可化为 r 和 θ 的函数,即

$$f(x,y) = f(r\cos\theta, r\sin\theta)$$

设通过原点的射线与区域的边界线的交点不多于两点(如图 2-15 所示).在极坐标系下,我们用一簇圆心在极点的同心圆(r = 常数)及另一簇从极点出发的射线(θ = 常数)将区域 D 分割成许多小区域.

将极角分别为 θ 与 $\theta+\Delta\theta$ 的两条射线和半径分别为 r 与 $r+\Delta r$ 的两条圆弧所围成的小区域面积记作 $\Delta\sigma$(如图 2-16 所示),则由扇形面积公式得

$$\Delta\sigma = \frac{1}{2}(r+\Delta r)^2\Delta\theta - \frac{1}{2}r^2\Delta\theta = r\Delta r\Delta\theta + \frac{1}{2}\Delta r^2\Delta\theta.$$

当 Δr 和 $\Delta\theta$ 充分小时,我们略去高阶无穷小量 $\frac{1}{2}\Delta r^2\Delta\theta$,得

$$\Delta\sigma \approx r\Delta r\Delta\theta$$

这时极坐标系中的面积元素为

$$d\sigma = rdrd\theta.$$

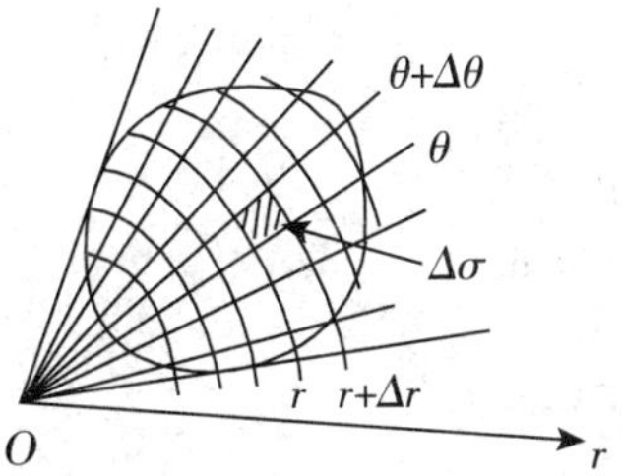

图 2-15

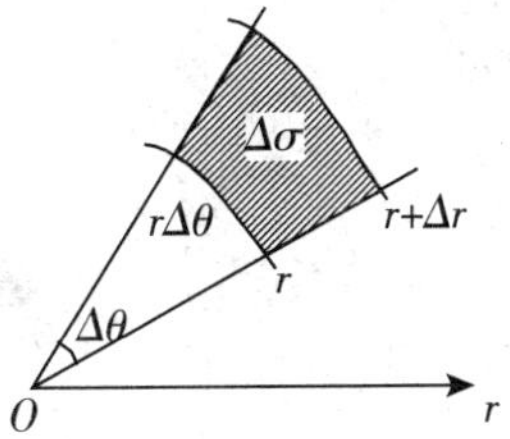

图 2-16

故直角坐标系的二重积分变换为极坐标的二重积分的计算公式为

$$\iint\limits_D f(x,y)d\sigma = \iint\limits_D f(r\cos\theta, r\sin\theta)rdrd\theta \tag{2.2.3}$$

极坐标系下的二重积分的计算,也要将它化为二次积分来计算,通常是选择先对 r 积分,后对 θ 积分的次序. 我们分以下三种情况讨论:

(1) 极点在 D 的外部

积分区域 D 由极点出发的两条射线 $\theta=\alpha,\theta=\beta$ 和两条连续曲线 $r=r_1(\theta)$，$r=r_2(\theta)$ 围成(如图 2－17)，即

$$D=\{(r,\theta)\mid r_1(\theta)\leqslant r\leqslant r_2(\theta),\alpha\leqslant\theta\leqslant\beta\}$$

则有

$$\iint_D f(r\cos\theta,r\sin\theta)rdrd\theta=\int_\alpha^\beta\left[\int_{r_1(\theta)}^{r_2(\theta)}f(r\cos\theta,r\sin\theta)rdr\right]d\theta$$

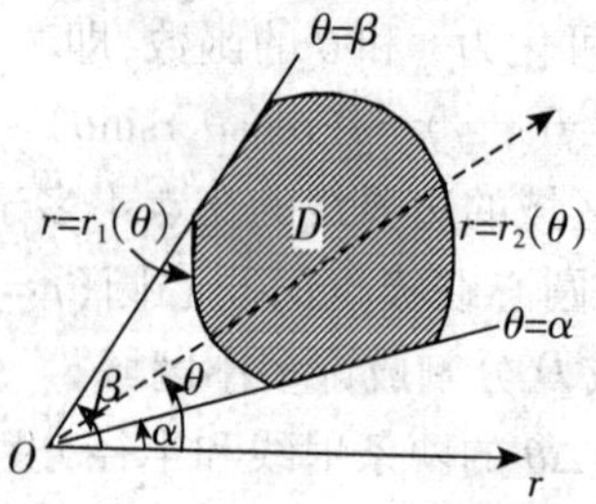

图 2－17

(2)极点在 D 的边界上

积分区域 D 由极点出发的两条射线 $\theta=\alpha,\theta=\beta$ 和连续曲线 $r=r(\theta)$ 围成(如图 2－18)，即

$$D=\{(r,\theta)\mid 0\leqslant r\leqslant r(\theta),\alpha\leqslant\theta\leqslant\beta\}$$

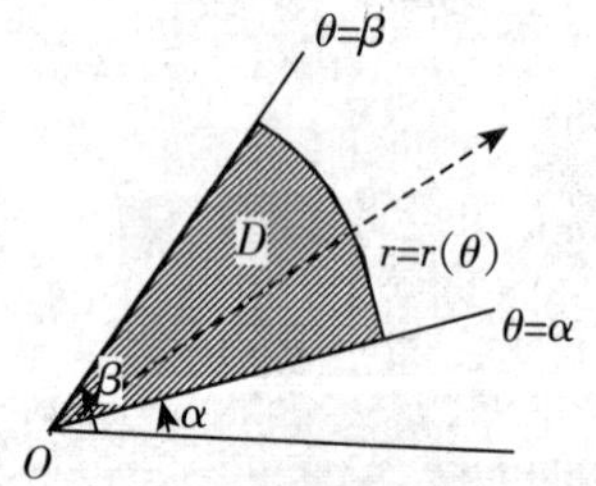

图 2－18

则有

$$\iint_D f(r\cos\theta,r\sin\theta)rdrd\theta=\int_\alpha^\beta\left[\int_0^{r(\theta)}f(r\cos\theta,r\sin\theta)rdr\right]d\theta$$

(3) 极点在 D 的内部

积分区域 D 由连续曲线 $r=r(\theta)$ 围成(如图 2－19)，即

$$D=\{(r,\theta)\mid 0\leqslant r\leqslant r(\theta),0\leqslant\theta\leqslant 2\pi\}$$

则有

$$\iint_D f(r\cos\theta, r\sin\theta)\, r dr d\theta = \int_0^{2\pi} [\int_0^{r(\theta)} f(r\cos\theta, r\sin\theta)\, r dr]\, d\theta$$

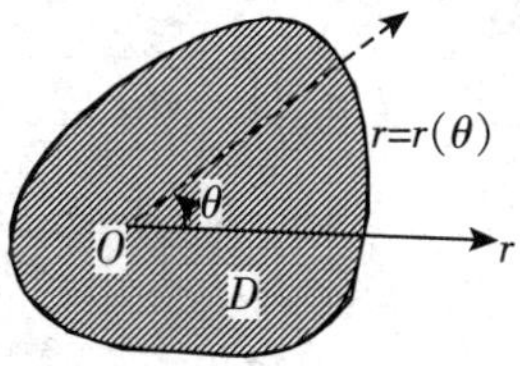

图 2－19

例 2.2.5 计算 $I=\iint_D e^{-x^2-y^2}dxdy$，其中区域 D 由圆域 $x^2+y^2\leqslant 1$ 所围成．

解 区域 D 如图 2－20 所示．

在极坐标系下，圆域 D 可表为

$$D=\{(r,\theta)\mid 0\leqslant r\leqslant 1, 0\leqslant\theta\leqslant 2\pi\}$$

则有

$$\begin{aligned} I &= \iint_D e^{-r^2} r dr d\theta \\ &= \int_0^{2\pi} [\int_0^1 e^{-r^2} r dr]\, d\theta \\ &= 2\pi[-\frac{1}{2}e^{-r^2}]\Big|_0^1 \\ &= \pi(1-e^{-1}) \end{aligned}$$

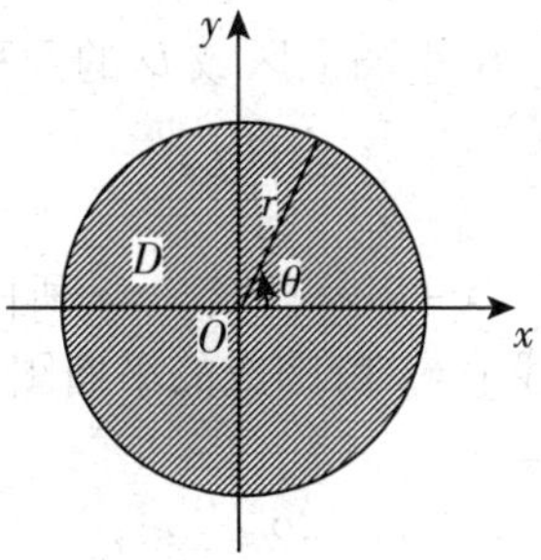

图 2－20

例 2.2.6 计算 $I=\iint_D \frac{x}{y}d\sigma$，其中 $D=\{(x,y)\mid x^2+y^2\leqslant 2ay, x\leqslant 0, a>0\}$．

解 区域 D 如图 2－21 所示．

在极坐标系下，圆 $x^2+(y-a)^2=a^2$ 的方程为 $r=2a\sin\theta$，区域 D 为

$$D=\left\{(r,\theta)\ \middle|\ 0\leqslant r\leqslant 2a\sin\theta,\frac{\pi}{2}\leqslant\theta\leqslant\pi\right\}$$

则有

$$\begin{aligned}I&=\iint_D\frac{x}{y}d\sigma\\&=\int_{\frac{\pi}{2}}^{\pi}\left[\int_0^{2a\sin\theta}\cot\theta\cdot rdr\right]d\theta\\&=\int_{\frac{\pi}{2}}^{\pi}\cot\theta\cdot\frac{r^2}{2}\Big|_0^{2a\sin\theta}d\theta\\&=2a^2\int_{\frac{\pi}{2}}^{\pi}\cos\theta\sin\theta d\theta=-a^2\end{aligned}$$

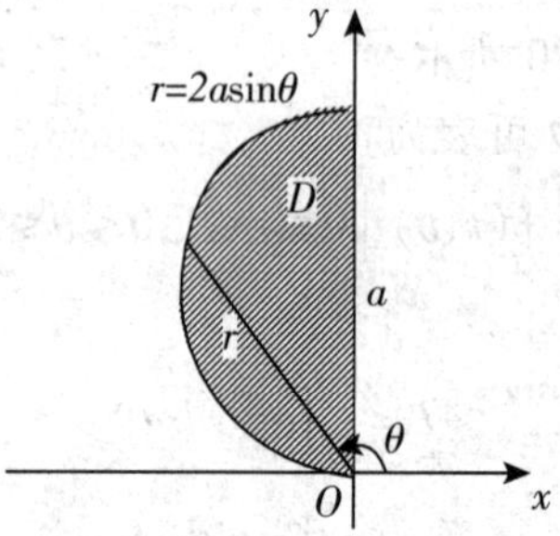

图 2－21

2.2.3 二重积分的几何应用

2.2.3.1 平面图形的面积

由二重积分的性质知，xOy 平面上区域 D 的面积为

$$A=\iint_D d\sigma.$$

例 2.2.7 求由曲线 $y^2=x+2$ 及直线 $y=x$ 所围成平面图形的面积．

解 由 $y^2=x+2$ 及直线 $y=x$ 所围成的平面图形区域 D 如图 2－22 所示．积分区域 D 满足

$$\begin{cases}y^2-2\leqslant x\leqslant y\\-1\leqslant y\leqslant 2\end{cases}$$

则所求面积为

$$\begin{aligned}A&=\iint_D d\sigma\\&=\int_{-1}^{2}\left[\int_{y^2-2}^{y}dx\right]dy\end{aligned}$$

$$= \int_{-1}^{2} (y - y^2 + 2)\,dy$$

$$= \frac{9}{2}$$

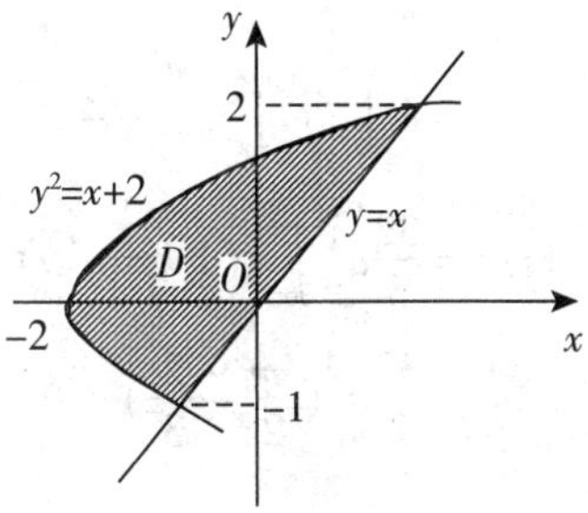

图 2－22

2.2.3.2　空间立体的体积

例 2.2.8　求球体 $x^2+y^2+z^2\leqslant 4a^2$ 被圆柱面 $x^2+y^2=2ax(a>0)$ 所截得(含在圆柱面内)的立体体积.

解　所截立体在第一卦限(如图 2－23 所示). 它是以区域

$$D=\{(x,y)\mid x^2+y^2\leqslant 2ax, y\geqslant 0\}$$

为底,以球面 $z=\sqrt{4a^2-x^2-y^2}$ 的一部分为顶的曲顶柱体. 由对称性可知所求体积

$$V=4\iint_D \sqrt{4a^2-x^2-y^2}\,dxdy.$$

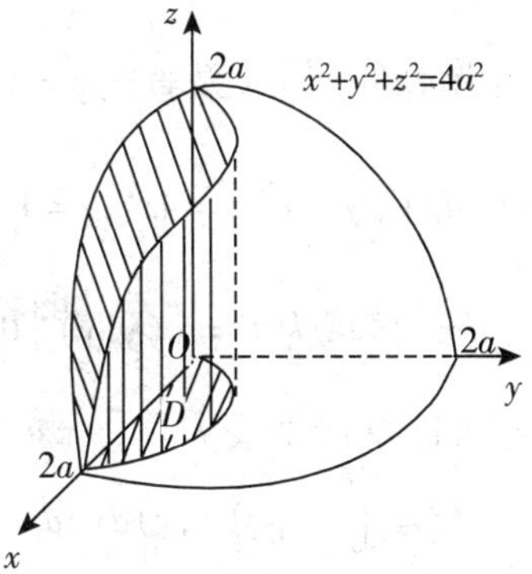

图 2－23

在极坐标系下，半圆域 D(如图 2－24 所示)可表为

$$D = \{ (r,\theta) | 0 \leqslant r \leqslant 2a\cos\theta,\ 0 \leqslant \theta \leqslant \frac{\pi}{2} \}$$

则有

$$\begin{aligned} V &= 4 \iint_D \sqrt{4a^2 - r^2} r dr d\theta \\ &= 4 \int_0^{\frac{\pi}{2}} [\int_0^{2a\cos\theta} \sqrt{4a^2 - r^2} r dr] d\theta \\ &= \frac{32}{3} a^3 \int_0^{\frac{\pi}{2}} (1 - \sin^3\theta) d\theta \\ &= \frac{32}{3} a^3 (\frac{\pi}{2} - \frac{2}{3}) \end{aligned}$$

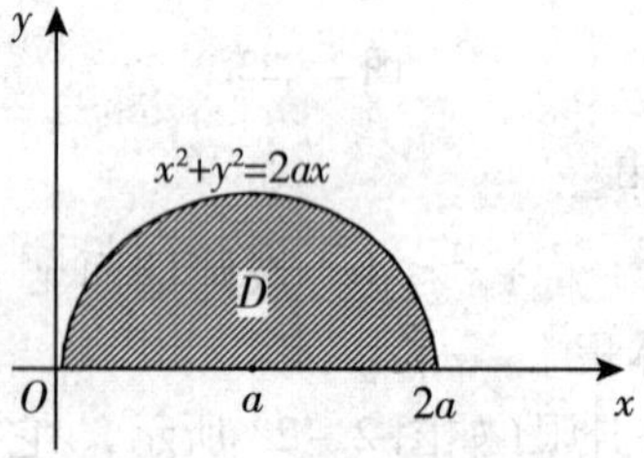

图 2－24

习题 2.2

1. 计算下列二重积分：

(1) $\iint_D (x^2 + y^2) d\sigma$，其中 D 是矩形区域：$|x| \leqslant 1$，$|y| \leqslant 1$；

(2) $\iint_D xy d\sigma$，其中 D 由抛物线 $y^2 = x$ 及直线 $y = x - 2$ 所围成；

(3) $\iint_D (x + y) d\sigma$，其中 D 由 $y = x^2$，$y = 4x^2$，$y = 1$ 围成；

(4) $\iint_D \frac{y}{(1 + x^2 + y^2)^{3/2}} d\sigma$，区域为 $D = \{ (x,y) | 0 \leqslant x \leqslant 1, 0 \leqslant y \leqslant 1 \}$.

2. 设 $f(x,y)$ 在 D 上连续且 D 由直线 $y = x$，$y = a$ 与 $x = b (b > a)$ 围成，求证：$\int_a^b [\int_a^x f(x,y) dy] dx = \int_a^b [\int_y^b f(x,y) dx] dy$.

3. 计算下列二次积分.

(1) $I = \int_1^2 [\int_{\sqrt{y-1}}^1 \frac{\sin x}{x} dx] dy$；

(2) $I=\int_{\frac{1}{4}}^{\frac{1}{2}}\left[\int_{\frac{1}{2}}^{\sqrt{y}} e^{\frac{y}{x}} dx\right] dy+\int_{\frac{1}{2}}^{1}\left[\int_{y}^{\sqrt{y}} e^{\frac{y}{x}} dx\right] dy.$

4. 更换下列二次积分的积分顺序：

(1) $\int_0^1\left[\int_y^{\sqrt{y}} f(x,y)dx\right]dy$；

(2) $\int_0^1\left[\int_0^{y} f(x,y)dx\right]dy$；

(3) $\int_1^e\left[\int_0^{\ln x} f(x,y)dy\right]dx$；

(4) $\int_0^1\left[\int_{-\sqrt{x}}^{\sqrt{x}} f(x,y)dy\right]dx+\int_1^4\left[\int_{x-2}^{\sqrt{x}} f(x,y)dy\right]dx$；

(5) $\int_0^{2\pi}\left[\int_0^{\sin x} f(x,y)dy\right]dx.$

5. 设 $f(x)$ 在 $[0,1]$ 上连续，证明：$\int_0^1 e^{f(x)}dx\int_0^1 e^{-f(y)}dy\geqslant 1.$

6. 将下列二次积分化为极坐标形式：

(1) $\int_0^{2a}\left[\int_0^{\sqrt{2ax-x^2}}(x^2+y^2)dy\right]dx$；

(2) $\int_0^{a}\left[\int_0^{x}\sqrt{x^2+y^2}dy\right]dx$；

(3) $\int_0^{1}\left[\int_{x^2}^{x}(x^2+y^2)^{-\frac{1}{2}}dy\right]dx$；

(4) $\int_0^{a}\left[\int_0^{\sqrt{a^2-y^2}}(x^2+y^2)dx\right]dy.$

7. 利用极坐标计算下列二重积分：

(1) $\iint\limits_D \sin\sqrt{x^2+y^2}\,d\sigma$，其中 $D=\{(x,y)\mid \pi^2\leqslant x^2+y^2\leqslant 4\pi^2\}$；

(2) $\iint\limits_D \arctan\frac{y}{x}d\sigma$，$D$ 由 $x^2+y^2=1$，$x^2+y^2=4$，$y=0$ 和 $y=x$ 所围成的第 I 象限部分；

(3) $\iint\limits_D \sqrt{R^2-x^2-y^2}\,d\sigma$，其中 $D=\{(x,y)\mid x^2+y^2\leqslant Rx\}$.

8. 试求区域 D 的面积，其中 D 为由圆 $x^2+y^2=2y$，$x^2+y^2=4y$ 及直线 $x-\sqrt{3}y=0$，$y-\sqrt{3}x=0$ 所围成的平面闭区域.

9. 求由平面 $x=0$，$y=0$，$x=1$，$y=1$ 所围成的柱体被平面 $z=0$ 与 $2x+3y+z=6$ 所截得的立体的体积.

2.3　广义二重积分

类似于一元函数的广义积分,对于二元函数也有两类广义二重积分. 即可分为积分区域无界与被积函数无界两种,下面只研究无界区域上的二重积分的计算方法.

定义 2.3.1　设 D 是 xOy 面上的无界区域,$f(x,y)$ 在 D 上连续,且 G 是 D 内的任意一个有界闭区域. 若 G 以任何方式无限扩展且趋于 D 时,均有极限

$$\lim_{G\to D}\iint_G f(x,y)\,dxdy$$

存在,则称此极限值为 $f(x,y)$ 在无界区域 D 上的广义二重积分,并记为

$$\iint_D f(x,y)\,dxdy=\lim_{G\to D}\iint_D f(x,y)\,dxdy$$

此时称 $f(x,y)$ 在 D 上可积,并称广义二重积分 $\iint_D f(x,y)\,dxdy$ 收敛;否则称广义二重积分发散.

由定义可知:要求广义二重积分,只需仿照一元广义积分,先求二重积分,再求二重极限即可.

例 2.3.1　计算 $\iint_D e^{-x^2-y^2}dxdy$,其中区域 D 是整个 xOy 平面,并计算 $\int_0^{+\infty}e^{-x^2}dx$.

解　整个 xOy 平面用极坐标表示为

$$D=\{(r,\theta)\mid 0\leqslant r<+\infty,0\leqslant\theta\leqslant 2\pi\}$$

则有

$$\begin{aligned}\iint_D e^{-x^2-y^2}dxdy&=\int_0^{2\pi}\left[\int_0^{+\infty}e^{-r^2}rdr\right]d\theta\\&=2\pi\int_0^{+\infty}e^{-r^2}rdr\\&=2\pi\left(\lim_{b\to+\infty}\int_0^b e^{-r^2}rdr\right)\\&=2\pi\cdot\lim_{b\to+\infty}\frac{1}{2}(1-e^{-b^2})\\&=\pi\end{aligned}$$

而

$$\iint_D e^{-x^2-y^2}dxdy=\int_{-\infty}^{+\infty}\int_{-\infty}^{+\infty}e^{-x^2-y^2}dxdy$$

$$= \int_{-\infty}^{+\infty} e^{-x^2} dx \cdot \int_{-\infty}^{+\infty} e^{-y^2} dy$$

$$= \left(\int_{-\infty}^{+\infty} e^{-x^2} dx \right)^2$$

故

$$\int_{-\infty}^{+\infty} e^{-x^2} dx = \sqrt{\pi}$$

从而

$$\int_{0}^{+\infty} e^{-x^2} dx = \frac{\sqrt{\pi}}{2}$$

习题 2.3

1. 计算下列广义二重积分：

(1) $\iint\limits_{D} e^{x+y} dxdy$，其中区域 $D = \{(x,y) \mid 0 \leqslant y \leqslant x\}$；

(2) $\iint\limits_{D} xe^{-y} dxdy$，其中区域 $D = \{(x,y) \mid y \geqslant x^2, x \geqslant 0\}$.

2. 用极坐标计算广义积分 $\int_{-\infty}^{+\infty} \int_{-\infty}^{+\infty} e^{-(x^2+y^2)} \sin(x^2+y^2) dxdy$.

总习题 2

1. 填空题

(1) 平面区域 D 是由直线 $y = x, y = \frac{1}{2}x$ 及 $x = 1$ 围成，则 $\iint\limits_{D} 2d\sigma =$ ________.

(2) 设 $D = \{(x,y) \mid 0 \leqslant x \leqslant 1, 0 \leqslant y \leqslant 3\}$，则 $\iint\limits_{D} xyd\sigma =$ ________.

(3) 设 $D = \{(x,y) \mid -1 \leqslant x \leqslant 1, 0 \leqslant y \leqslant 3\}$，则 $\iint\limits_{D} \sin x(1+\cos y)^3 d\sigma =$ ________.

(4) 设区域 D 由 $x^2 + (y-3)^2 = 9$ 围成，则在极坐标系下 $\iint\limits_{D} f(x,y) d\sigma =$ ________.

(5) 常数 $a > 0$，且 $\iint\limits_{x^2+y^2 \leqslant a^2} \sqrt{a^2 - x^2 - y^2} dxdy = \pi$，则 $a =$ ________.

2. 选择题

(1)下列不等式正确的是(　　).

(A) $\iint\limits_{\substack{|x|\leqslant 1\\|y|\leqslant 1}}(x-1)d\sigma>0$　　(B) $\iint\limits_{x^2+y^2\leqslant 1}(-x^2-y^2)d\sigma>0$

(C) $\iint\limits_{\substack{|x|\leqslant 1\\|y|\leqslant 1}}(y-1)d\sigma>0$　　(D) $\iint\limits_{\substack{|x|\leqslant 1\\|y|\leqslant 1}}(x+1)d\sigma>0$

(2)设区域 $D_1=\{(x,y)\mid -1\leqslant x\leqslant 1,-2\leqslant y\leqslant 2\}$, $D_2=\{(x,y)\mid 0\leqslant x\leqslant 1, 0\leqslant y\leqslant 2\}$;又 $I_1=\iint\limits_{D_1}(x^2+y^2)^3d\sigma$, $I_2=\iint\limits_{D_2}(x^2+y^2)^3d\sigma$ 则结论正确的是(　　).

(A) $I_1>4I_2$　　(B) $I_1<4I_2$

(C) $I_1=4I_2$　　(D) $I_1=2I_2$

(3)设 D 由 x 轴, $y=\ln x$, $x=e$ 围成,则 $\iint\limits_D f(x,y)dxdy=$(　　).

(A) $\int_1^e[\int_0^{\ln x}f(x,y)dy]dx$　　(B) $\int_0^e[\int_0^{\ln x}f(x,y)dy]dx$

(C) $\int_0^1[\int_0^{e^y}f(x,y)dx]dy$　　(D) $\int_0^1[\int_{e^y}^1 f(x,y)dx]dy$

(4)设 $I_1=\iint\limits_D\frac{x+y}{4}d\sigma$, $I_2=\iint\limits_D\sqrt{\frac{x+y}{4}}d\sigma$, $I_3=\iint\limits_D\sqrt[3]{\frac{x+y}{4}}d\sigma$,当 $D=\{(x,y)\mid (x-1)^2+(y-1)^2\leqslant 1\}$,则有(　　).

(A) $I_1<I_2<I_3$　　(B) $I_2<I_3<I_1$

(C) $I_3<I_1<I_2$　　(D) $I_3<I_2<I_1$

(5)设 $\iint\limits_D f(x,y)dxdy=\int_0^1[\int_0^{1-x}f(x,y)dy]dx$,则改变积分次序后为(　　).

(A) $\int_0^{1-x}[\int_0^1 f(x,y)dx]dy$　　(B) $\int_0^1[\int_0^{1-x}f(x,y)dx]dy$

(C) $\int_0^1[\int_0^1 f(x,y)dx]dy$　　(D) $\int_0^1[\int_0^{1-y}f(x,y)dx]dy$

3. 计算下列二重积分:

(1) $\int_1^5[\int_y^5\frac{dx}{y\ln x}]dy$;

(2) $\int_0^1[\int_0^{\sqrt{x}}e^{-\frac{y^2}{2}}dy]dx$;

(3) $\iint\limits_D\frac{xy}{x^2+y^2}d\sigma$,其中 $D=\{(x,y)\mid y\geqslant x,1\leqslant x^2+y^2\leqslant 2\}$;

(4) $\iint\limits_D \ln(x^2+y^2)d\sigma$，其中 $D=\{(x,y)\mid \varepsilon^2\leqslant x^2+y^2\leqslant 1\}$，并求此二重积分当 $\varepsilon\to 0$ 时之极限；

(5) $\int_1^2[\int_{\sqrt{x}}^{x}\sin\frac{\pi x}{2y}dy]dx+\int_2^4[\int_{\sqrt{x}}^{2}\sin\frac{\pi x}{2y}dy]dx$；

(6) $\int_{\frac{1}{4}}^{\frac{1}{2}}[\int_{\frac{1}{2}}^{\sqrt{y}}e^{\frac{y}{x}}dx]dy+\int_{\frac{1}{2}}^{1}[\int_{y}^{\sqrt{y}}e^{\frac{y}{x}}dx]dy$；

(7) $\iint\limits_D \sqrt{x^2+y^2}dxdy$，其中 D 由曲线 $r=a(1-\cos\theta)$ 所围成；

(8) $\iint\limits_G \frac{dxdy}{x^4+y^2}$，其中 G 是由 $x\geqslant 1, y\geqslant x^2$ 所围成的区域.

4. 改变下列积分次序：

(1) $\int_1^2[\int_{2-x}^{\sqrt{2x-x^2}}f(x,y)dy]dx$；

(2) $\int_0^{\pi}[\int_{-\sin\frac{x}{2}}^{\sin x}f(x,y)dy]dx$；

(3) $\int_0^1[\int_0^{e^y}f(x,y)dx]dy$；

(4) $\int_{-2}^{-1}[\int_0^{y+2}f(x,y)dx]dy+\int_{-1}^{0}[\int_0^{y^2}f(x,y)dx]dy.$

5. 计算下列二重积分：

(1) $\iint\limits_D[e^{xy^2}\sin y+y\ln(1+x^2+y^2)]d\sigma$，其中区域 D 由圆域 $(x-1)^2+y^2\leqslant 1$ 所围成；

(2) $\iint\limits_D \sqrt{|y-x^2|}dxdy$，其中 $D=\{(x,y)\mid |x|\leqslant 1, 0\leqslant y\leqslant 2\}$；

(3) $\iint\limits_D (x^2+xye^{x^2+y^2})dxdy$，其中 $D=\{(x,y)\mid x^2+y^2\leqslant 1\}$.

6. 已知 $f(x)$ 在 $[a,b]$ 上连续，求证：当 $n>0$ 时，有

$$\int_a^b[\int_a^y(y-x)^n f(x)dx]dy=\frac{1}{n+1}\int_a^b(b-x)^{n+1}f(x)dx.$$

7. 计算由双曲线 $xy=a^2$ 与直线 $x+y=\frac{5}{2}a\,(a>0)$ 所围成的图形的面积.

8. 求由两个圆柱面 $x^2+y^2=R^2$ 及 $x^2+z^2=R^2\,(R>0)$ 所围成的立体的体积.

9. 设 $f(x)$ 在 $[a,b]$ 上连续，证明：$(\int_a^b f(x)dx)^2\leqslant(b-a)\int_a^b f^2(x)dx.$

3 无穷级数

无穷级数是微积分中一个不可缺少的组成部分．利用级数可以表示函数，研究函数的性态，以及进行数值计算，这无论对数学理论本身，还是对数学的应用都具有重要的作用．本章先介绍常数项级数，然后介绍幂级数的基本性质及函数的幂级数展开式．

3.1 常数项级数的概念及其基本性质

3.1.1 常数项级数的概念

将数列$\{u_n\}$的各项依次用加号连接起来的表达式

$$u_1 + u_2 + \cdots + u_n + \cdots$$

称为**无穷级数**，由于这是无穷多个常数相加，也称为**常数项级数**（简称为**级数**），记为$\sum_{n=1}^{\infty} u_n$，即

$$\sum_{n=1}^{\infty} u_n = u_1 + u_2 + \cdots + u_n + \cdots,$$

其中$u_1, u_2, \cdots, u_n, \cdots$称为级数的**项**，$u_n$称为级数的**通项**或**一般项**．

级数$\sum_{n=1}^{\infty} u_n$的前n项和

$$S_n = u_1 + u_2 + \cdots + u_n$$

称为级数的前n项**部分和**．前n项部分和

$$S_1, S_2, \cdots, S_n, \cdots$$

构成一个数列，记为$\{S_n\}$．

定义3.1.1 对于给定的级数$\sum_{n=1}^{\infty} u_n$，如果其前n项部分和数列$\{S_n\}$有极限S，即

$$\lim_{n\to\infty} S_n = S$$

则称级数$\sum_{n=1}^{\infty} u_n$**收敛**，并且称该级数的**和**为S，记为

$$\sum_{n=1}^{\infty} u_n = u_1 + u_2 + \cdots + u_n + \cdots = S$$

如果前 n 项部分和数列 $\{S_n\}$ 没有极限，则称级数 $\sum_{n=1}^{\infty} u_n$ **发散**，此时级数 $\sum_{n=1}^{\infty} u_n$ 没有和.

当级数 $\sum_{n=1}^{\infty} u_n$ 收敛时，称 $S - S_n$ 为该级数的**余项**，记作 R_n，即

$$R_n = S - S_n = u_{n+1} + u_{n+2} + \cdots + u_{n+k} + \cdots$$

用 S_n 作为 S 的近似值所产生的误差，就是余项的绝对值 $|R_n|$.

例 3.1.1 无穷级数

$$\sum_{n=1}^{\infty} aq^{n-1} = a + aq + aq^2 + \cdots + aq^{n-1} + \cdots$$

称为**几何级数**(或**等比级数**)，其中 $a \neq 0$. 试讨论该级数的敛散性.

解 根据公比 q 的取值来讨论级数的敛散性.

(1) 当 $|q| \neq 1$ 时，前 n 项部分和

$$S_n = a + aq + aq^2 + \cdots + aq^{n-1} = \frac{a - aq^n}{1 - q}$$

如果 $|q| < 1$，则

$$\lim_{n\to\infty} S_n = \frac{a}{1 - q}$$

所以，当 $|q| < 1$ 时，级数 $\sum_{n=1}^{\infty} aq^{n-1}$ 收敛，且其和为 $\frac{a}{1 - q}$

如果 $|q| > 1$，则

$$\lim_{n\to\infty} S_n = \infty$$

所以，当 $|q| > 1$ 时，级数 $\sum_{n=1}^{\infty} aq^{n-1}$ 发散，它没有和.

(2) 当 $q = 1$ 时，级数变为

$$a + a + \cdots + a + \cdots$$

由于前 n 项部分和 $S_n = na$，则 $\lim_{n\to\infty} S_n = \infty$，所以级数 $\sum_{n=1}^{\infty} aq^{n-1}$ 发散.

(3) 当 $q = -1$ 时，级数变为

$$a - a + a - a \cdots + a - a + \cdots$$

当 n 为偶数时，$S_n = 0$；当 n 为奇数时，$S_n = a$；当 $n \to \infty$ 时，前 n 项部分和 S_n 没有极限，所以级数 $\sum_{n=1}^{\infty} aq^{n-1}$ 发散.

综上所述，当 $|q| < 1$ 时，几何级数 $\sum_{n=1}^{\infty} aq^{n-1}$ 收敛，其和为 $\frac{a}{1 - q}$；当 $|q| \geq 1$

时,几何级数 $\sum_{n=1}^{\infty} aq^{n-1}$ 发散.

例 3.1.2 判断级数 $\sum_{n=1}^{\infty} \frac{1}{n(n+1)}$ 的敛散性.

解 因为

$$u_n = \frac{1}{n(n+1)} = \frac{1}{n} - \frac{1}{n+1}$$

于是,级数的前 n 项部分和为

$$\begin{aligned} S_n &= \frac{1}{1\cdot 2} + \frac{1}{2\cdot 3} + \cdots + \frac{1}{n(n+1)} \\ &= \left(1 - \frac{1}{2}\right) + \left(\frac{1}{2} - \frac{1}{3}\right) + \cdots + \left(\frac{1}{n} - \frac{1}{n+1}\right) \\ &= 1 - \frac{1}{n+1} \end{aligned}$$

从而

$$\lim_{n\to\infty} S_n = \lim_{n\to\infty}\left(1 - \frac{1}{n+1}\right) = 1$$

所以,该级数收敛,且 $\sum_{n=1}^{\infty} \frac{1}{n(n+1)} = 1.$

例 3.1.3 证明:调和级数 $\sum_{n=1}^{\infty} \frac{1}{n}$ 发散.

证明 由不等式

$$\ln(1+x) - \ln x < \frac{1}{x} \qquad (x > 0)$$

可知,调和级数的前 n 项部分和

$$\begin{aligned} S_n &= 1 + \frac{1}{2} + \frac{1}{3} + \cdots + \frac{1}{n} \\ &> (\ln 2 - \ln 1) + (\ln 3 - \ln 2) + \cdots + [\ln(1+n) - \ln n] \\ &= \ln(1+n) \end{aligned}$$

显然,$\lim_{n\to\infty} S_n = +\infty$,故调和级数 $\sum_{n=1}^{\infty} \frac{1}{n}$ 发散.

3.1.2 无穷级数的基本性质

性质 3.1.1 若级数 $\sum_{n=1}^{\infty} u_n$ 与 $\sum_{n=1}^{\infty} v_n$ 分别收敛于 S 与 T,则级数 $\sum_{n=1}^{\infty} (u_n \pm v_n)$ 也收敛,且

$$\sum_{n=1}^{\infty} (u_n \pm v_n) = \sum_{n=1}^{\infty} u_n \pm \sum_{n=1}^{\infty} v_n = S \pm T$$

证明 设

$$S_n = u_1 + u_2 + \cdots + u_n\text{，且}\lim_{n\to\infty} S_n = S$$

$$T_n = v_1 + v_2 + \cdots + v_n\text{，且}\lim_{n\to\infty} T_n = T$$

设级数 $\sum_{n=1}^{\infty}(u_n \pm v_n)$ 的前 n 项部分和为 W_n，则

$$\begin{aligned} W_n &= (u_1 \pm v_1) + (u_2 \pm v_2) + \cdots + (u_n \pm v_n) \\ &= (u_1 + u_2 + \cdots + u_n) \pm (v_1 + v_2 + \cdots + v_n) \\ &= S_n \pm T_n \end{aligned}$$

于是

$$\lim_{n\to\infty} W_n = \lim_{n\to\infty} S_n \pm \lim_{n\to\infty} T_n = S \pm T$$

所以，级数 $\sum_{n=1}^{\infty}(u_n \pm v_n)$ 收敛，且

$$\sum_{n=1}^{\infty}(u_n \pm v_n) = \sum_{n=1}^{\infty} u_n \pm \sum_{n=1}^{\infty} v_n = S \pm T$$

性质 3.1.2　设 c 为非零常数，则级数 $\sum_{n=1}^{\infty} u_n$ 与级数 $\sum_{n=1}^{\infty} cu_n$ 同时收敛或同时发散．当它们同时收敛时，有

$$\sum_{n=1}^{\infty} cu_n = c\sum_{n=1}^{\infty} u_n$$

证明 设级数 $\sum_{n=1}^{\infty} u_n$ 与 $\sum_{n=1}^{\infty} cu_n$ 的前 n 项部分和分别为 S_n 与 T_n，则

$$T_n = cu_1 + cu_2 + \cdots + cu_n = cS_n.$$

于是，由数列极限的性质知，当 $n \to \infty$ 时，数列 $\{S_n\}$ 与 $\{T_n\}$ 同时收敛或同时发散，即级数 $\sum_{n=1}^{\infty} u_n$ 与 $\sum_{n=1}^{\infty} cu_n$ 的敛散性相同．且当它们都收敛时，有

$$\lim_{n\to\infty} T_n = c\lim_{n\to\infty} S_n$$

即

$$\sum_{n=1}^{\infty} cu_n = c\sum_{n=1}^{\infty} u_n$$

例如，级数 $\sum_{n=1}^{\infty} \frac{1}{2^n}$ 和级数 $\sum_{n=1}^{\infty} \frac{1}{n(n+1)}$ 收敛，所以，级数

$$\sum_{n=1}^{\infty}\left[\frac{3}{2^n} + \frac{2}{n(n+1)}\right]$$

也收敛，且

$$\sum_{n=1}^{\infty}\left[\frac{3}{2^n} + \frac{2}{n(n+1)}\right] = 3\sum_{n=1}^{\infty} \frac{1}{2^n} + 2\sum_{n=1}^{\infty} \frac{1}{n(n+1)}$$

$$= 3 \cdot \frac{\frac{1}{2}}{1 - \frac{1}{2}} + 2 = 5$$

性质 3.1.3　在一个级数的前面增加或去掉有限项,级数的敛散性不变.

证明　对于任意给定的正整数 k,记 $C = \sum_{n=1}^{k} u_n$. 设级数 $\sum_{n=1}^{\infty} u_n$ 的前 n 项部分和与 $\sum_{n=k+1}^{\infty} u_n$ 的前 $n-k$ 项部分和分别为 $S_n, T_{n-k}(n > k)$,于是

$$S_n = T_{n-k} + C$$

由数列极限的性质知,当 $n \to \infty$ 时,数列 $\{S_n\}$ 与 $\{T_n\}$ 有相同敛散性,且收敛时有

$$\lim_{n\to\infty} S_n = \lim_{n\to\infty} T_{n-k} + C.$$

因此,级数 $\sum_{n=1}^{\infty} u_n$ 与 $\sum_{n=k+1}^{\infty} u_n$ 有相同的敛散性.

性质 3.1.4　收敛级数任意加括号后得到的新级数仍收敛,且收敛的和不变.

证明　设级数 $\sum_{n=1}^{\infty} u_n$ 收敛,且其和为 S,加括号得新级数

$$\sum_{k=1}^{\infty} v_k = (u_1 + u_2 + \cdots u_{n_1}) + (u_{n_1+1} + u_{n_1+2} + \cdots u_{n_2}) + \cdots + (u_{n_{k-1}+1} + u_{n_{k-1}+2} + \cdots + u_{n_k}) + \cdots$$

其中 $v_k = u_{n_{k-1}+1} + u_{n_{k-1}+2} + \cdots + u_{n_k}$,并规定 $n_0 = 0$. 设级数 $\sum_{n=1}^{\infty} u_n$ 的前 n 项部分和为 S_n,级数 $\sum_{k=1}^{\infty} v_k$ 的前 k 项部分和为 T_k,则

$$\begin{aligned} T_k &= (u_1 + u_2 + \cdots u_{n_1}) + (u_{n_1+1} + u_{n_1+2} + \cdots u_{n_2}) + \cdots \\ &\quad + (u_{n_{k-1}+1} + u_{n_{k-1}+2} + \cdots u_{n_k}) \\ &= S_{n_k} \end{aligned}$$

由此可见,数列 $\{T_k\}$ 是 S_n 的一个子数列,由数列 $\{S_n\}$ 的收敛性以及收敛数列与其子数列的关系可知,数列 $\{T_k\}$ 收敛,且

$$\lim_{k\to\infty} T_k = \lim_{n_k\to\infty} S_{n_k} = S$$

即加括号后所得到的级数收敛,且其和不变.

由性质 3.1.4 知,若加括号后得到的新级数发散,则原级数必发散.

需要指出的是,若加括号后所得到的级数收敛,但原级数未必收敛. 例如,级数

$$(1 - 1) + (1 - 1) + \cdots + (1 - 1) + \cdots$$

收敛,而

$$1-1+1-1+\cdots+1-1+\cdots$$

发散.

性质 3.1.5(**级数收敛的必要条件**) 若级数 $\sum_{n=1}^{\infty}u_n$ 收敛,则

$$\lim_{n\to\infty}u_n=0$$

证明 设级数 $\sum_{n=1}^{\infty}u_n$ 的前 n 项部分和为 S_n,其和为 S,则

$$\lim_{n\to\infty}S_n=S,\lim_{n\to\infty}S_{n-1}=S$$

因为

$$u_n=S_n-S_{n-1}$$

所以

$$\lim_{n\to\infty}u_n=\lim_{n\to\infty}(S_n-S_{n-1})=\lim_{n\to\infty}S_n-\lim_{n\to\infty}S_{n-1}=0$$

注 (1) $\lim_{n\to\infty}u_n=0$ 只是级数 $\sum_{n=1}^{\infty}u_n$ 收敛的必要条件,而不是充分条件. 例如,

$$\lim_{n\to\infty}\frac{1}{n}=0$$

但是级数 $\sum_{n=1}^{\infty}\frac{1}{n}$ 是发散的.

(2) 若 $\lim_{n\to\infty}u_n\neq 0$,则级数 $\sum_{n=1}^{\infty}u_n$ 必发散.

例 3.1.4 判断级数 $\sum_{n=1}^{\infty}\left(1-\frac{1}{n}\right)^n$ 的敛散性.

解 因为

$$\lim_{n\to\infty}u_n=\lim_{n\to\infty}\left(1-\frac{1}{n}\right)^n=\frac{1}{e}\neq 0$$

所以由性质 3.1.5 知,级数 $\sum_{n=1}^{\infty}\left(1-\frac{1}{n}\right)^n$ 发散.

习题 3.1

1. 已知下列级数的前 n 项部分和,写出该级数的一般项,并求级数的和.

(1) $S_n=\frac{n+1}{n}$; (2) $S_n=\frac{2^n-1}{2^n}$.

2. 根据级数收敛和发散的定义判断下列级数的敛散性,若是收敛级数求其和.

(1) $\sum_{n=1}^{\infty} \ln \frac{n+1}{n}$;　　(2) $\sum_{n=1}^{\infty} (\sqrt{3n-1} - \sqrt{3n+2})$;

(3) $\sum_{n=1}^{\infty} \frac{1}{(2n-1)(2n+1)}$;　　(4) $\sum_{n=1}^{\infty} (\sqrt{n+2} - 2\sqrt{n+1} + \sqrt{n})$;

(5) $\sum_{n=1}^{\infty} \frac{n}{(n+1)!}$.

3．根据级数收敛的性质判断下列级数的敛散性,若是收敛级数求其和．

(1) $\sum_{n=1}^{\infty} 2^{n-1}$;　　(2) $\sum_{n=1}^{\infty} \frac{2+(-1)^n}{2^n}$;

(3) $\left(\frac{1}{2}+\frac{1}{3}\right)+\left(\frac{1}{2^2}+\frac{1}{3^2}\right)+\left(\frac{1}{2^3}+\frac{1}{3^3}\right)+\cdots$;

(4) $\frac{1}{2}+\frac{1}{10}+\frac{1}{4}+\frac{1}{20}+\cdots+\frac{1}{2^n}+\frac{1}{10n}+\cdots$;

(5) $\frac{1}{\sqrt{2}-1}-\frac{1}{\sqrt{2}+1}+\frac{1}{\sqrt{3}-1}-\frac{1}{\sqrt{3}+1}+\cdots+\frac{1}{\sqrt{n}-1}-\frac{1}{\sqrt{n}+1}+\cdots$;

(6) $\sum_{n=1}^{\infty} \frac{2n-1}{2n+1}$;　　(7) $\sum_{n=1}^{\infty} \sqrt[n]{\frac{n+1}{2n}}$.

4. 讨论级数 $\sum_{n=1}^{\infty} \frac{(a-1)^n}{3^n}$ 的敛散性.

5. 利用定义判断级数 $\sum_{n=1}^{\infty} \frac{n}{3^n}$ 的敛散性,若收敛求其和.

3.2　正项级数

3.2.1　正项级数的概念

定义 3.2.1　如果级数 $\sum_{n=1}^{\infty} u_n$ 满足条件: $u_n > 0 (n=1,2,\cdots)$,则称此级数为**正项级数**.

设正项级数 $\sum_{n=1}^{\infty} u_n$ 的部分和数列为 $\{S_n\}$,则 $\{S_n\}$ 是单调不减的数列. 如果 $\{S_n\}$ 有上界,由单调有界数列必有极限可知,数列 $\{S_n\}$ 有极限,所以级数 $\sum_{n=1}^{\infty} u_n$ 收敛. 反过来,如果级数 $\sum_{n=1}^{\infty} u_n$ 收敛,即部分和数列 $\{S_n\}$ 有极限,由收敛数列的有界性定理知,$\{S_n\}$ 必有上界,由此得到:

定理 3.2.1　正项级数 $\sum_{n=1}^{\infty} u_n$ 收敛的充要条件是它的部分和数列 $\{S_n\}$ 有上界.

例 3.2.1 讨论 p - **级数**

$$\sum_{n=1}^{\infty}\frac{1}{n^p}=1+\frac{1}{2^p}+\frac{1}{3^p}+\cdots+\frac{1}{n^p}+\cdots$$

的敛散性.

解 (1) 当 $p=1$ 时,级数为调和级数,级数 $\sum\limits_{n=1}^{\infty}\frac{1}{n}$ 发散.

(2) 当 $p<1$ 时,级数 $\sum\limits_{n=1}^{\infty}\frac{1}{n^p}$ 的前 n 项部分和为

$$S_n=1+\frac{1}{2^p}+\frac{1}{3^p}+\cdots+\frac{1}{n^p}\geqslant 1+\frac{1}{2}+\frac{1}{3}+\cdots+\frac{1}{n}$$

该不等式右端是调和级数的前 n 项部分和,由调和级数发散知其无界,于是,数列 $\{S_n\}$ 也无界. 因此,当 $p<1$ 时,级数 $\sum\limits_{n=1}^{\infty}\frac{1}{n^p}$ 发散.

(3) 当 $p>1$ 时,因为当 $n-1\leqslant x\leqslant n$ 时, $\frac{1}{n^p}\leqslant\frac{1}{x^p}$,所以

$$\int_{n-1}^{n}\frac{1}{n^p}dx\leqslant\int_{n-1}^{n}\frac{1}{x^p}dx,\qquad n=2,3,\cdots.$$

于是

$$\begin{aligned}S_n&=1+\frac{1}{2^p}+\frac{1}{3^p}+\cdots+\frac{1}{n^p}\\&=1+\int_1^2\frac{1}{2^p}dx+\int_2^3\frac{1}{3^p}dx+\cdots+\int_{n-1}^{n}\frac{1}{n^p}dx\\&\leqslant 1+\int_1^2\frac{1}{x^p}dx+\int_2^3\frac{1}{x^p}dx+\cdots+\int_{n-1}^{n}\frac{1}{x^p}dx\\&=1+\int_1^n\frac{1}{x^p}dx=1+\frac{1}{p-1}\left(1-\frac{1}{n^{p-1}}\right)\\&<1+\frac{1}{p-1}=\frac{p}{p-1}\qquad(n=2,3,\cdots)\end{aligned}$$

即数列 $\{S_n\}$ 有上界. 由定理 3.2.1 知,当 $p>1$ 时,级数 $\sum\limits_{n=1}^{\infty}\frac{1}{n^p}$ 收敛.

综上所述,当 $p\leqslant 1$ 时; p - 级数 $\sum\limits_{n=1}^{\infty}\frac{1}{n^p}$ 发散;

当 $p>1$ 时; p - 级数 $\sum\limits_{n=1}^{\infty}\frac{1}{n^p}$ 收敛.

3.2.2 正项级数敛散性的判别法

3.2.2.1 比较判别法

利用定理 3.2.1,可以得到判别正项级数敛散性的比较判别法.

定理 3.2.2(比较判别法) 设 $\sum_{n=1}^{\infty} u_n$ 和 $\sum_{n=1}^{\infty} v_n$ 都是正项级数,且

$$u_n \leqslant v_n, (n = 1,2,\cdots)$$

则

(1) 若级数 $\sum_{n=1}^{\infty} v_n$ 收敛,则级数 $\sum_{n=1}^{\infty} u_n$ 收敛;

(2) 若级数 $\sum_{n=1}^{\infty} u_n$ 发散,则级数 $\sum_{n=1}^{\infty} v_n$ 发散.

证明 设级数 $\sum_{n=1}^{\infty} u_n$ 和 $\sum_{n=1}^{\infty} v_n$ 的部分和数列分别为 $\{S_n\}$ 和 $\{T_n\}$. 因为 $u_n \leqslant v_n, (n = 1,2,\cdots)$,所以 $S_n \leqslant T_n$.

(1) 若正项级数 $\sum_{n=1}^{\infty} v_n$ 收敛,则由定理 3.2.1 可知,它的部分和数列 $\{T_n\}$ 有上界,从而数列 $\{S_n\}$ 也有上界,故正项级数 $\sum_{n=1}^{\infty} u_n$ 收敛.

(2) 若正项级数 $\sum_{n=1}^{\infty} u_n$ 发散,则由定理 3.2.1 可知,它的部分和数列 $\{S_n\}$ 无上界,从而数列 $\{T_n\}$ 也无上界. 故正项级数 $\sum_{n=1}^{\infty} v_n$ 发散.

推论 3.2.1 设 $\sum_{n=1}^{\infty} u_n$ 和 $\sum_{n=1}^{\infty} v_n$ 为正项级数,如果存在常数 $c > 0$ 和自然数 N,使得当 $n \geqslant N$ 时,有 $u_n \leqslant cv_n$,则

(1) 若级数 $\sum_{n=1}^{\infty} v_n$ 收敛,则级数 $\sum_{n=1}^{\infty} u_n$ 收敛;

(2) 若级数 $\sum_{n=1}^{\infty} u_n$ 发散,则级数 $\sum_{n=1}^{\infty} v_n$ 发散.

应用比较判别法判断一个正项级数的敛散性时,首先,要凭自己所掌握的有关知识,对所要判别级数的敛散性作出初步判断,然后寻找一个敛散性已知的正项级数与之比较. 经常用来作比较的级数有调和级数、几何级数和 p - 级数.

例 3.2.2 判断级数 $\sum_{n=1}^{\infty} \left(\frac{n}{3n+1}\right)^n$ 的敛散性.

解 因为当 $n \geqslant 1$ 时,有

$$\left(\frac{n}{3n+1}\right)^n < \left(\frac{n}{3n}\right)^n = \left(\frac{1}{3}\right)^n$$

而级数 $\sum_{n=1}^{\infty} \left(\frac{1}{3}\right)^n$ 是公比 $q = \frac{1}{3} < 1$ 的收敛几何级数,由正项级数比较判别法知,级数 $\sum_{n=1}^{\infty} \left(\frac{n}{3n+1}\right)^n$ 收敛.

例 3.2.3 判断级数 $\sum\limits_{n=1}^{\infty}\frac{1}{\sqrt{n(n+1)}}$ 的敛散性.

解 因为当 $n\geqslant 1$ 时,有

$$\frac{1}{\sqrt{n(n+1)}}>\frac{1}{\sqrt{(n+1)^2}}=\frac{1}{n+1}$$

而级数 $\sum\limits_{n=1}^{\infty}\frac{1}{n+1}$ 发散,由正项级数比较判别法知,级数 $\sum\limits_{n=1}^{\infty}\frac{1}{\sqrt{n(n+1)}}$ 发散.

例 3.2.4 判断级数 $\sum\limits_{n=1}^{\infty}(\sqrt{n^4+1}-\sqrt{n^4-1})$ 的敛散性.

解 因为当 $n\geqslant 1$ 时,有

$$\sqrt{n^4+1}-\sqrt{n^4-1}=\frac{2}{\sqrt{n^4+1}+\sqrt{n^4-1}}\leqslant\frac{2}{\sqrt{n^4+1}}<\frac{2}{n^2}$$

而级数 $\sum\limits_{n=1}^{\infty}\frac{1}{n^2}$ 收敛, 由正项级数比较判别法知,级数

$$\sum_{n=1}^{\infty}(\sqrt{n^4+1}-\sqrt{n^4-1})$$

收敛.

在实际应用中, 利用比较判别法的极限形式更为方便.

定理 3.2.3(比较判别法的极限形式) 设 $\sum\limits_{n=1}^{\infty}u_n$ 和 $\sum\limits_{n=1}^{\infty}v_n(v_n\neq 0,n=1,2,\cdots)$ 都是正项级数,且

$$\lim_{n\to\infty}\frac{u_n}{v_n}=l,$$

则

(1) 当 $0<l<+\infty$ 时,级数 $\sum\limits_{n=1}^{\infty}u_n$ 与 $\sum\limits_{n=1}^{\infty}v_n$ 的敛散性相同;

(2) 当 $l=0$ 时,若级数 $\sum\limits_{n=1}^{\infty}v_n$ 收敛,则级数 $\sum\limits_{n=1}^{\infty}u_n$ 收敛;

(3) 当 $l=+\infty$ 时,若级数 $\sum\limits_{n=1}^{\infty}v_n$ 发散,则级数 $\sum\limits_{n=1}^{\infty}u_n$ 发散.

证明 (1) 因为 $\lim\limits_{n\to\infty}\frac{u_n}{v_n}=l>0$,所以对于 $\varepsilon=\frac{l}{2}>0$,存在正整数 N,当 $n>N$ 时, $\left|\frac{u_n}{v_n}-l\right|<\frac{l}{2}$,即

$$\frac{1}{2}lv_n<u_n<\frac{3}{2}lv_n$$

由正项级数比较判别法知,级数 $\sum\limits_{n=1}^{\infty}u_n$ 和 $\sum\limits_{n=1}^{\infty}v_n$ 同时收敛,或者同时发散.

(2) 因为$\lim\limits_{n\to\infty}\dfrac{u_n}{v_n}=l=0$,所以对于$\varepsilon=1$,存在正整数$N$,当$n>N$时,$\left|\dfrac{u_n}{v_n}-0\right|\leqslant 1$,即$u_n\leqslant v_n$. 由比较判别法知,若级数$\sum\limits_{n=1}^{\infty}v_n$收敛,则级数$\sum\limits_{n=1}^{\infty}u_n$收敛.

(3) 因为$\lim\limits_{n\to\infty}\dfrac{u_n}{v_n}=l=+\infty$,则$\lim\limits_{n\to\infty}\dfrac{v_n}{u_n}=0$. 于是,对于$\varepsilon=1$,存在正整数$N$,当$n>N$时,$\left|\dfrac{v_n}{u_n}-0\right|\leqslant 1$,即$v_n\leqslant u_n$. 由比较判别法知,若级数$\sum\limits_{n=1}^{\infty}v_n$发散,则级数$\sum\limits_{n=1}^{\infty}u_n$发散.

例3.2.5 判断级数$\sum\limits_{n=1}^{\infty}\sin\dfrac{1}{n^p}(p>0)$的敛散性.

解 级数$\sum\limits_{n=1}^{\infty}\sin\dfrac{1}{n^p}$为正项级数,且当$n\to\infty$时,$\sin\dfrac{1}{n^p}\sim\dfrac{1}{n^p}$,即

$$\lim_{n\to\infty}\frac{\sin\dfrac{1}{n^p}}{\dfrac{1}{n^p}}=1$$

从而级数$\sum\limits_{n=1}^{\infty}\sin\dfrac{1}{n^p}$与$\sum\limits_{n=1}^{\infty}\dfrac{1}{n^p}$的敛散性相同.

于是,当$0<p\leqslant 1$时,级数$\sum\limits_{n=1}^{\infty}\sin\dfrac{1}{n^p}$发散;当$p>1$时,级数$\sum\limits_{n=1}^{\infty}\sin\dfrac{1}{n^p}$收敛.

例3.2.6 判断级数$\sum\limits_{n=1}^{\infty}\dfrac{1}{\ln(1+n)}$的敛散性.

解 级数$\sum\limits_{n=1}^{\infty}\dfrac{1}{\ln(1+n)}$为正项级数,且

$$\lim_{n\to\infty}\frac{\dfrac{1}{\ln(1+n)}}{\dfrac{1}{n}}=+\infty$$

而级数$\sum\limits_{n=1}^{\infty}\dfrac{1}{n}$发散,由比较判别法的极限形式可知,级数$\sum\limits_{n=1}^{\infty}\dfrac{1}{\ln(1+n)}$发散.

将正项级数与等比级数作比较,我们能得到在使用上很方便的比值判别法与根值判别法.

3.2.2.2 比值判别法

定理3.2.4(比值判别法) 设$\sum\limits_{n=1}^{\infty}u_n$为正项级数,且$u_n>0,n=1,2,\cdots$,如果

$$\lim_{n\to\infty}\frac{u_{n+1}}{u_n}=l$$

则

(1) 当 $l<1$ 时,级数 $\sum\limits_{n=1}^{\infty}u_n$ 收敛;

(2) 当 $1<l\leqslant+\infty$ 时,级数 $\sum\limits_{n=1}^{\infty}u_n$ 发散.

证明 (1) 当 $l<1$ 时,取 $q=\frac{1+l}{2}$,则 $l<q<1$. 因为 $\lim\limits_{n\to\infty}\frac{u_{n+1}}{u_n}=l<q$,所以对于 $\varepsilon=q-l>0$,存在一个正整数 N,当 $n>N$ 时,

$$\left|\frac{u_{n+1}}{u_n}-l\right|<q-l.$$

于是,$\frac{u_{n+1}}{u_n}<q$ 成立,从而当 $n>N$ 时,有

$$u_{n+1}<qu_n;$$

$$u_{n+1}<qu_n<q^2u_{n-1};$$

$$\cdots$$

$$u_{n+1}<qu_n<q^2u_{n-1}<\cdots<q^{n-N}u_{N+1}$$

其中 u_{N+1} 是一个固定的常数. 由于级数 $\sum\limits_{n=N+1}^{\infty}u_{N+1}q^{n-N}$ 收敛,则由正项级数比较判别法可知,级数 $\sum\limits_{n=1}^{\infty}u_n$ 收敛.

(2) 当 $l>1$(或 $l=+\infty$)时,由 $\lim\limits_{n\to\infty}\frac{u_{n+1}}{u_n}=l>1$ 知,存在一个正整数 N,当 $n>N$ 时,$\frac{u_{n+1}}{u_n}>1$,即当 $n>N$ 时,有

$$u_{n+1}>u_n>u_{N+1}>0$$

由此,可推得 $\lim\limits_{n\to\infty}u_n\neq0$,所以级数 $\sum\limits_{n=1}^{\infty}u_n$ 发散.

比值判别法通常也称为达朗贝尔(**D'Alembert**)判别法.

注 (1) 当 $\lim\limits_{n\to\infty}\frac{u_{n+1}}{u_n}=l=1$ 时,比值判别法失效,此时级数 $\sum\limits_{n=1}^{\infty}u_n$ 可能收敛,可能发散. 例如,对 p - 级数 $\sum\limits_{n=1}^{\infty}\frac{1}{n^p}$,有

$$\lim_{n\to\infty}\frac{u_{n+1}}{u_n}=\lim_{n\to\infty}\frac{\frac{1}{(n+1)^p}}{\frac{1}{n^p}}=1$$

但当 $p \leqslant 1$ 时，级数 $\sum_{n=1}^{\infty}\frac{1}{n^p}$ 发散；当 $p>1$ 时，级数 $\sum_{n=1}^{\infty}\frac{1}{n^p}$ 收敛．

(2) 当极限 $\sum_{n=1}^{\infty}\frac{u_{n+1}}{u_n}$ 不存在，也不等于 $+\infty$ 时，比值判别法失效，这时应选用其他判别法．

例 3.2.7 判断级数 $\sum_{n=1}^{\infty}\frac{2^n\cdot n!}{n^n}$ 的敛散性．

解 因为

$$\lim_{n\to\infty}\frac{u_{n+1}}{u_n}=\lim_{n\to\infty}\frac{2^{n+1}(n+1)!}{(n+1)^{n+1}}\cdot\frac{n^n}{2^n\cdot n!}$$

$$=\lim_{n\to\infty}\frac{2n^n}{(n+1)^n}=\lim_{n\to\infty}\frac{2}{\left(1+\frac{1}{n}\right)^n}=\frac{2}{e}<1$$

所以由比值判别法可知，级数 $\sum_{n=1}^{\infty}\frac{2^n\cdot n!}{n^n}$ 收敛．

例 3.2.8 判断级数 $\sum_{n=1}^{\infty}\frac{n!}{a^n}(a>0)$ 的敛散性．

解 因为

$$\lim_{n\to\infty}\frac{u_{n+1}}{u_n}=\lim_{n\to\infty}\frac{(n+1)!}{a^{n+1}}\cdot\frac{a^n}{n!}$$

$$=\lim_{n\to\infty}\frac{n+1}{a}=+\infty$$

所以由比值判别法可知，级数 $\sum_{n=1}^{\infty}\frac{n!}{a^n}$ 发散．

例 3.2.9 判断级数 $\sum_{n=1}^{\infty}\frac{n+1}{n(n+2)}$ 的敛散性．

解 因为

$$\lim_{n\to\infty}\frac{u_{n+1}}{u_n}=\lim_{n\to\infty}\frac{n+2}{(n+1)(n+3)}\cdot\frac{n(n+2)}{n+1}=1$$

所以比值判别法失效．我们改用比较判别法．

由于

$$\frac{n+1}{n(n+2)}>\frac{1}{n+2},\qquad (n=1,2,\cdots)$$

而级数 $\sum_{n=1}^{\infty}\frac{1}{n+2}$ 发散，故由比较判别法可知，级数 $\sum_{n=1}^{\infty}\frac{n+1}{n(n+2)}$ 发散．

3.2.2.3 根值判别法

定理 3.2.5（根值判别法） 设 $\sum_{n=1}^{\infty}u_n$ 为正项级数，如果

$$\lim_{n\to\infty}\sqrt[n]{u_n}=l$$

那么

(1) 当 $l<1$ 时,级数 $\sum_{n=1}^{\infty}u_n$ 收敛;

(2) 当 $1<l\leqslant+\infty$ 时,级数 $\sum_{n=1}^{\infty}u_n$ 发散.

证明与定理 3.2.4 类似,相应也有类似的注释,此处不再赘述.

根值判别法通常也称为**柯西判别法**.

例 3.2.10 判断级数 $\sum_{n=1}^{\infty}\left(1+\frac{1}{2n}\right)^{n^2}$ 的敛散性.

解 因为

$$\lim_{n\to\infty}\sqrt[n]{u_n}=\lim_{n\to\infty}\sqrt[n]{\left(1+\frac{1}{2n}\right)^{n^2}}$$

$$=\lim_{n\to\infty}\left(1+\frac{1}{2n}\right)^{n}=\sqrt{e}>1$$

所以由根值判别法可知,级数 $\sum_{n=1}^{\infty}\left(1+\frac{1}{2n}\right)^{n^2}$ 发散.

例 3.2.11 讨论级数 $\sum_{n=1}^{\infty}\frac{n}{x^n}(x>0)$ 的敛散性.

解 因为

$$l=\lim_{n\to\infty}\sqrt[n]{u_n}=\lim_{n\to\infty}\sqrt[n]{\frac{n}{x^n}}=\lim_{n\to\infty}\frac{\sqrt[n]{n}}{x}=\frac{1}{x}$$

由根值判别法知

(1) 当 $x>1$ 时, $l<1$, 级数 $\sum_{n=1}^{\infty}\frac{n}{x^n}$ 收敛;

(2) 当 $0<x<1$ 时, $l>1$, 级数 $\sum_{n=1}^{\infty}\frac{n}{x^n}$ 发散;

(3) 当 $x=1$ 时, $l=1$, 比值判别法失效. 此时,原级数为 $\sum_{n=1}^{\infty}n$,级数发散

综上所述, 当 $x>1$ 时, 级数 $\sum_{n=1}^{\infty}\frac{n}{x^n}$ 收敛; 当 $0<x\leqslant1$ 时, 级数 $\sum_{n=1}^{\infty}\frac{n}{x^n}$ 发散.

习题 3.2

1. 用比较判别法或比较判别法的极限形式判断下列级数的敛散性.

(1) $1+\frac{1}{3}+\frac{1}{5}+\frac{1}{7}+\cdots$;

(2) $1+\frac{1+2}{1+2^2}+\frac{1+3}{1+3^2}+\cdots$;

(3) $\frac{1}{2\cdot 5}+\frac{1}{3\cdot 6}+\cdots+\frac{1}{(n+1)(n+4)}+\cdots$;

(4) $\sin\frac{\pi}{2}+\sin\frac{\pi}{2^2}+\sin\frac{\pi}{2^3}+\cdots$;

(5) $\sum_{n=1}^{\infty}\frac{n+1}{\sqrt{n^3-5n+3}}$; (6) $\sum_{n=1}^{\infty}\frac{1}{n\cdot\sqrt[n]{n}}$.

2. 用比值判别法判断下列级数的敛散性.

(1) $\sum_{n=1}^{\infty}\frac{4^n}{n\cdot 3^n}$; (2) $\sum_{n=1}^{\infty}\frac{(n+1)!}{n^{n+1}}$;

(3) $\sum_{n=1}^{\infty}\frac{n^2}{3^n}$; (4) $\sum_{n=1}^{\infty}n\tan\frac{\pi}{2^{n+1}}$;

(5) $\sum_{n=1}^{\infty}\frac{1\cdot 3\cdot 5\cdot\cdots\cdot(2n-1)}{2\cdot 5\cdot 8\cdot\cdots\cdot(3n-1)}$; (6) $\sum_{n=1}^{\infty}\frac{2\cdot 4\cdot 6\cdot\cdots\cdot(2n)}{3^n(n-1)!}$.

3. 用根值判别法判断下列级数的敛散性.

(1) $\sum_{n=1}^{\infty}\left(\frac{n}{2n+1}\right)^n$; (2) $\sum_{n=1}^{\infty}\left(\frac{n}{3n-1}\right)^{2n-1}$;

(3) $\sum_{n=1}^{\infty}\frac{n}{x^n}(x>0)$;

(4) $\sum_{n=1}^{\infty}\left(\frac{b}{a_n}\right)^n$,其中 $a_n\to a(n\to\infty)$,a_n,a,b 均为正数.

4. 判断下列级数的敛散性.

(1) $\frac{3}{4}+2\left(\frac{3}{4}\right)^2+3\left(\frac{3}{4}\right)^3+4\left(\frac{3}{4}\right)^4+\cdots$;

(2) $\frac{1^4}{1!}+\frac{2^4}{2!}+\frac{3^4}{3!}+\frac{4^4}{4!}+\cdots$;

(3) $\sum_{n=1}^{\infty}\frac{n+1}{n(n+2)}$; (4) $\sum_{n=1}^{\infty}2^n\sin\frac{\pi}{3^n}$;

(5) $\sqrt{2}+\sqrt{\frac{3}{2}}+\cdots+\sqrt{\frac{n+1}{n}}+\cdots$;

(6) $\frac{1}{a+b}+\frac{1}{2a+b}+\frac{1}{3a+b}+\cdots(a>0,b>0)$;

(7) $\frac{(1!)^2}{2\cdot1^2}+\frac{(2!)^2}{2\cdot2^2}+\frac{(3!)^2}{2\cdot3^2}+\cdots$；　(8) $\sum\limits_{n=1}^{\infty}\frac{n\cos^2\frac{n\pi}{3}}{2^n}$；

(9) $\sum\limits_{n=1}^{\infty}\frac{1}{e^n}\left(\frac{n+1}{n}\right)^{n^2}$.

5. 证明：若正项级数 $\sum\limits_{n=1}^{\infty}a_n$ 收敛，则 $\sum\limits_{n=1}^{\infty}a_n^2$ 收敛.

6. 若 x 为任意实数，求 $\lim\limits_{n\to\infty}\frac{3^nx^n}{n!}$.

3.3　任意项级数

3.3.1　交错级数及其敛散性判别

定义 3.3.1　在一个级数中，若各项符号正负相间，即若 $u_n>0(n=1,2,\cdots)$，则级数

$$\sum_{n=1}^{\infty}(-1)^{n+1}u_n=u_1-u_2+u_3-u_4+\cdots+(-1)^{n+1}u_n+\cdots$$

称为**交错级数**.

交错级数有下述判别其收敛的定理.

定理 3.3.1（**莱布尼兹判别定理**）　如果交错级数 $\sum\limits_{n=1}^{\infty}(-1)^{n+1}u_n(u_n>0)$ 满足

(1) 数列 $\{u_n\}$ 单调不增，即 $u_n\geqslant u_{n+1}\quad(n=1,2,\cdots)$；

(2) $\lim\limits_{n\to\infty}u_n=0$.

则级数 $\sum\limits_{n=1}^{\infty}(-1)^{n+1}u_n$ 收敛，且该级数的和 $S\leqslant u_1$；其余项 R_n 的绝对值 $|R_n|\leqslant u_{n+1}$.

证明　设级数 $\sum\limits_{n=1}^{\infty}(-1)^{n+1}u_n$ 的部分和数列为 $\{S_n\}$. 为了证明 $\{S_n\}$ 收敛，先证它的前 $2n$ 项部分和构成的数列 $\{S_{2n}\}$ 收敛.

$$\begin{aligned}S_{2n+2}&=(u_1-u_2)+(u_3-u_4)+\cdots+(u_{2n-1}-u_{2n})+(u_{2n+1}-u_{2n+2})\\&=S_{2n}+(u_{2n+1}-u_{2n+2})\end{aligned}$$

由条件(1)知

$$u_{2n+1}-u_{2n+2}\geqslant0$$

故

$$S_{2n+2}\geqslant S_{2n}$$

于是,数列$\{S_{2n}\}$是单调不减的. 又因为

$$S_{2n}=u_1-(u_2-u_3)-(u_4-u_5)-\cdots-(u_{2n-2}-u_{2n-1})-u_{2n},$$

所以

$$S_{2n}\leqslant u_1,\qquad (n=1,2,\cdots)$$

即$\{S_{2n}\}$是有界数列. 由单调有界数列必有极限可知,$\lim\limits_{n\to\infty}S_{2n}$存在,设其极限为$S$,显然

$$\lim_{n\to\infty}S_{2n}=S\leqslant u_1$$

再证数列$\{S_{2n+1}\}$也收敛于S.

因为

$$\lim_{n\to\infty}u_n=0$$

于是

$$\lim_{n\to\infty}u_{2n+1}=0$$

而

$$S_{2n+1}=S_{2n}+u_{2n+1}$$

故

$$\lim_{n\to\infty}S_{2n+1}=\lim_{n\to\infty}S_{2n}+\lim_{n\to\infty}u_{2n+1}=S$$

于是,$\lim\limits_{n\to\infty}S_n=S$,即级数$\sum\limits_{n=1}^{\infty}(-1)^{n+1}u_n$收敛,且其和$S\leqslant u_1$.

考虑交错级数$\sum\limits_{n=1}^{\infty}(-1)^{n+1}u_n(u_n>0)$的余项

$$R_n=S-S_n=(-1)^{n+2}u_{n+1}+(-1)^{n+3}u_{n+2}+\cdots$$

其绝对值为

$$|R_n|=|(-1)^{n+2}u_{n+1}+(-1)^{n+3}u_{n+2}+\cdots|\leqslant u_{n+1}$$

例 3.3.1 判断级数$\sum\limits_{n=1}^{\infty}(-1)^{n-1}\dfrac{1}{n}$的敛散性.

解 该级数为交错级数,且满足条件

(1) $u_n=\dfrac{1}{n}>\dfrac{1}{n+1}=u_{n+1}$;

(2) $\lim\limits_{n\to\infty}u_n=\lim\limits_{n\to\infty}\dfrac{1}{n}=0$.

由莱布尼兹判别定理知,级数$\sum\limits_{n=1}^{\infty}(-1)^{n-1}\dfrac{1}{n}$收敛.

3.3.2 绝对收敛与条件收敛

现在我们讨论一般的级数

$$u_1+u_2+u_3+u_4+\cdots+u_n+\cdots$$

它的各项为任意常数．各项取绝对值后构成正项级数

$$|u_1|+|u_2|+|u_3|+|u_4|+\cdots+|u_n|+\cdots$$

称为原级数的**绝对值级数**．

级数$\sum_{n=1}^{\infty}u_n$与$\sum_{n=1}^{\infty}|u_n|$的敛散性之间有如下结论：

定理3.3.2 若任意项级数$\sum_{n=1}^{\infty}u_n$的绝对值级数$\sum_{n=1}^{\infty}|u_n|$收敛，则级数$\sum_{n=1}^{\infty}u_n$也收敛．

证明 取

$$V_n=\frac{1}{2}(|u_n|+u_n),W_n=\frac{1}{2}(|u_n|-u_n)\qquad(n=1,2,\cdots).$$

即

$$V_n=\begin{cases}|u_n|, & u_n\geqslant 0\\ 0 & u_n<0\end{cases},W_n=\begin{cases}0, & u_n\geqslant 0\\ |u_n| & u_n<0.\end{cases}$$

于是有

$$0\leqslant V_n\leqslant|u_n|,0\leqslant W_n\leqslant|u_n|$$

由级数$\sum_{n=1}^{\infty}|u_n|$的收敛性及正项级数的比较判别法可知，级数$\sum_{n=1}^{\infty}V_n$与$\sum_{n=1}^{\infty}W_n$都收敛．

又因为

$$u_n=V_n-W_n$$

所以级数

$$\sum_{n=1}^{\infty}u_n=\sum_{n=1}^{\infty}(V_n-W_n)$$

收敛．

例3.3.2 判断级数$\sum_{n=1}^{\infty}\frac{\sin\alpha n}{n^2}$（$\alpha$为非零常数）的敛散性．

解 这是一个任意项级数，对于正项级数$\sum_{n=1}^{\infty}\left|\frac{\sin\alpha n}{n^2}\right|$，由于

$$\left|\frac{\sin\alpha n}{n^2}\right|\leqslant\frac{1}{n^2},\qquad n=1,2,\cdots$$

而级数$\sum_{n=1}^{\infty}\frac{1}{n^2}$是$p=2$的收敛$p$－级数．由比较判别法可知，$\sum_{n=1}^{\infty}\left|\frac{\sin\alpha n}{n^2}\right|$收敛．

由定理3.3.2可知，级数$\sum_{n=1}^{\infty}\frac{\sin\alpha n}{n^2}$收敛．

注 若级数$\sum_{n=1}^{\infty}|u_n|$收敛，则级数$\sum_{n=1}^{\infty}u_n$也收敛；但级数$\sum_{n=1}^{\infty}u_n$收敛，级数

$\sum\limits_{n=1}^{\infty}|u_n|$不一定收敛.

例如,级数$\sum\limits_{n=1}^{\infty}(-1)^{n+1}\dfrac{1}{n}$收敛,但是,级数$\sum\limits_{n=1}^{\infty}\left|(-1)^{n+1}\dfrac{1}{n}\right|=\sum\limits_{n=1}^{\infty}\dfrac{1}{n}$发散.

定义 3.3.2 如果级数$\sum\limits_{n=1}^{\infty}|u_n|$收敛,则称级数$\sum\limits_{n=1}^{\infty}u_n$**绝对收敛**;如果级数$\sum\limits_{n=1}^{\infty}u_n$收敛,而级数$\sum\limits_{n=1}^{\infty}|u_n|$发散,则称级数$\sum\limits_{n=1}^{\infty}u_n$**条件收敛**.

上述例子中,级数$\sum\limits_{n=1}^{\infty}(-1)^{n-1}\dfrac{1}{n^2}$绝对收敛,而级数$\sum\limits_{n=1}^{\infty}(-1)^{n-1}\dfrac{1}{n}$条件收敛.

由于任意项级数各项的绝对值组成的级数是正项级数,因此,一切判别正项级数敛散性的判别法,都可以用来判断任意项级数是否绝对收敛.

对于任意项级数$\sum\limits_{n=1}^{\infty}u_n$,若级数$\sum\limits_{n=1}^{\infty}|u_n|$收敛,则级数$\sum\limits_{n=1}^{\infty}u_n$绝对收敛.但当级数$\sum\limits_{n=1}^{\infty}|u_n|$发散时,我们只能判断级数$\sum\limits_{n=1}^{\infty}u_n$非绝对收敛,而不能判断它发散.

定理 3.3.3 对任意项级数$\sum\limits_{n=1}^{\infty}u_n(u_n\neq 0)$,若

$$\lim_{n\to\infty}\frac{|u_{n+1}|}{|u_n|}\left(\text{或}\lim_{n\to\infty}\sqrt[n]{|u_n|}\right)=l$$

则

(1) 当$l<1$时,级数$\sum\limits_{n=1}^{\infty}u_n$绝对收敛;

(2) 当$l<l\leqslant+\infty$时,级数$\sum\limits_{n=1}^{\infty}u_n$发散.

根据正项级数的比值(或根值)判别法很容易给出该定理的证明.

注 当$l=1$时,上述定理失效.

例 3.3.3 判断$\sum\limits_{n=1}^{\infty}\dfrac{x^n}{n!}$的敛散性.

解 当$x=0$时,显然级数$\sum\limits_{n=1}^{\infty}\dfrac{x^n}{n!}$收敛;

当$x\neq 0$时,因为

$$\lim_{n\to\infty}\left|\frac{u_{n+1}}{u_n}\right|=\lim_{n\to\infty}\frac{\left|\dfrac{x^{n+1}}{(n+1)!}\right|}{\left|\dfrac{x^n}{n!}\right|}=\lim_{n\to\infty}\frac{|x|}{n+1}=0<1$$

所以,级数$\sum_{n=1}^{\infty}\frac{x^n}{n!}$绝对收敛.

综上所述,对任意实数x,级数$\sum_{n=1}^{\infty}\frac{x^n}{n!}$收敛.

例 3.3.4 判断级数$\sum_{n=1}^{\infty}(-1)^{n-1}\frac{a^n}{n}$(其中$a$为常数)的敛散性,在收敛时,讨论是绝对收敛还是条件收敛.

解 当$a=0$时,显然级数收敛,且绝对收敛;当$a\neq 0$时,因为

$$\lim_{n\to\infty}\left|\frac{u_{n+1}}{u_n}\right|=\lim_{n\to\infty}\left|\frac{(-1)^n\frac{a^{n+1}}{n+1}}{(-1)^{n-1}\frac{a^n}{n}}\right|=|a|$$

所以由定理 3.3.5 知

(1) 当$|a|<1$时,级数$\sum_{n=1}^{\infty}(-1)^{n-1}\frac{a^n}{n}$绝对收敛;

(2) 当$|a|>1$时,级数$\sum_{n=1}^{\infty}(-1)^{n-1}\frac{a^n}{n}$发散;

(3) 当$a=1$时,级数成为$\sum_{n=1}^{\infty}(-1)^{n-1}\frac{1}{n}$,级数条件收敛;

(4) 当$a=-1$时,级数成为$\sum_{n=1}^{\infty}\frac{-1}{n}$,级数发散.

习题 3.3

1. 判断下列交错级数的敛散性.

(1) $\sum_{n=1}^{\infty}(-1)^{n-1}\frac{1}{\sqrt{n}}$; (2) $\sum_{n=1}^{\infty}\frac{(-1)^{n-1}}{(2n-1)!(2n-1)}$;

(3) $\sum_{n=1}^{\infty}(-1)^{n-1}(\sqrt{n+1}-\sqrt{n})$; (4) $\sum_{n=1}^{\infty}(-1)^n(\sqrt[n]{2}-1)$.

2. 判断下列级数的敛散性. 如果是收敛的,是绝对收敛还是条件收敛?

(1) $\sum_{n=1}^{\infty}(-1)^{n-1}\frac{1}{\sqrt{n}}$; (2) $\sum_{n=1}^{\infty}(-1)^{n+1}\frac{n}{3^n}$;

(3) $\sum_{n=2}^{\infty}(-1)^n\frac{1}{\ln n}$; (4) $\sum_{n=1}^{\infty}\frac{(-1)^n}{(2n-1)^2}$;

(5) $\sum_{n=1}^{\infty}(-1)^{\frac{n(n+1)}{2}}\sin\frac{\pi}{n^2+n}$; (6) $\sum_{n=1}^{\infty}\frac{\sin nx}{n^2}$;

(7) $\sum_{n=1}^{\infty}\frac{n\cos\frac{2n\pi}{3}}{2^n}$.

3. 判断下列级数的敛散性.

(1) $\sum\limits_{n=1}^{\infty}(-1)^n\dfrac{n^n}{n!}$;　　　　(2) $\sum\limits_{n=1}^{\infty}(-1)^{n+1}\dfrac{2^{n^2}}{n!}$;

(3) $\dfrac{1!}{2}-\dfrac{3!}{2\cdot 4}+\dfrac{5!}{2\cdot 4\cdot 6}-\dfrac{7!}{2\cdot 4\cdot 6\cdot 8}+\cdots$.

4. 判断级数 $\sum\limits_{n=1}^{\infty}\dfrac{(-1)^n}{n-\ln n}$ 的敛散性.

5. 已知级数 $\sum\limits_{n=1}^{\infty}\dfrac{(-1)^n+a}{n}$ 收敛,求 a 的取值范围.

3.4　幂级数

3.4.1　幂级数及其收敛性

形如

$$a_0+a_1(x-x_0)+a_2(x-x_0)^2+\cdots+a_n(x-x_0)^n+\cdots$$

的级数称为 $x-x_0$ 的**幂级数**,简记为 $\sum\limits_{n=0}^{\infty}a_n(x-x_0)^n$,其中常数

$$a_0,a_1,a_2,\cdots,a_n,\cdots$$

称为该幂级数的**系数**. 当 $x_0=0$ 时,上述级数变为

$$a_0+a_1x+a_2x^2+\cdots+a_nx^n+\cdots$$

此级数称为 x 的幂级数,记为 $\sum\limits_{n=0}^{\infty}a_nx^n$. 下面主要讨论形如 $\sum\limits_{n=0}^{\infty}a_nx^n$ 的级数.

对于级数 $\sum\limits_{n=0}^{\infty}a_nx^n$,当 x 取定常数 x_0 时,级数为常数项级数 $\sum\limits_{n=0}^{\infty}a_nx_0^n$,因此可用常数项级数的敛散性来定义幂级数 $\sum\limits_{n=0}^{\infty}a_nx^n$ 的敛散性.

定义 3.4.1　当 $x=x_0$ 时,如果常数项级数 $\sum\limits_{n=0}^{\infty}a_nx_0^n$ 收敛,则称幂级数 $\sum\limits_{n=0}^{\infty}a_nx^n$ 在点 x_0 处**收敛**,称点 x_0 是幂级数 $\sum\limits_{n=0}^{\infty}a_nx^n$ 的**收敛点**. 幂级数 $\sum\limits_{n=0}^{\infty}a_nx^n$ 的全体收敛点构成的集合称为它的**收敛域**. 如果常数项级数 $\sum\limits_{n=0}^{\infty}a_nx_0^n$ 发散,则称点 x_0 是幂级数 $\sum\limits_{n=0}^{\infty}a_nx^n$ 的**发散点**. 若 D 是幂级数 $\sum\limits_{n=0}^{\infty}a_nx^n$ 的收敛域,则取定 D 中的任意一个实数 x,级数 $\sum\limits_{n=0}^{\infty}a_nx^n$ 都有一个确定的和,记作 $S(x)=\sum\limits_{n=0}^{\infty}a_nx^n,x\in D$. 因

此,在幂级数 $\sum_{n=0}^{\infty} a_n x^n$ 的收敛域 D 上,$S(x)$ 是 x 的函数,我们称 $S(x)$ 为幂级数 $\sum_{n=0}^{\infty} a_n x^n$ 的**和函数**.

对于幂级数 $\sum_{n=0}^{\infty} a_n x^n$, 首先要讨论它的收敛域, 即 x 取哪些点时幂级数 $\sum_{n=0}^{\infty} a_n x^n$ 收敛. 显然,幂级数 $\sum_{n=0}^{\infty} a_n x^n$ 在点 $x=0$ 处总是收敛的,除此之外,当幂级数 $\sum_{n=0}^{\infty} a_n x^n$ 还有非零的收敛点时,它的收敛域具有什么样的特点呢?

例 3.4.1 求幂级数 $\sum_{n=0}^{\infty} x^n = 1 + x + x^2 + \cdots + x^n + \cdots$ 的收敛域及和函数.

解 幂级数 $\sum_{n=0}^{\infty} x^n$ 是以 x 为公比的几何级数,由几何级数的敛散性知,当 $|x| < 1$ 时,级数 $\sum_{n=0}^{\infty} x^n$ 收敛;当 $|x| \geqslant 1$ 时级数 $\sum_{n=0}^{\infty} x^n$ 发散. 因此幂级数 $\sum_{n=0}^{\infty} x^n$ 的收敛域是 $(-1,1)$. 对于任意 $x \in (-1,1)$,级数 $\sum_{n=0}^{\infty} x^n$ 的前 n 项部分和

$$S_n = 1 + x + x^2 + \cdots + x^{n-1} = \frac{1 - x^n}{1 - x}$$

并且

$$\lim_{n\to\infty} S_n = \frac{1}{1 - x}$$

于是,幂级数 $\sum_{n=0}^{\infty} x^n$ 在 $(-1,1)$ 上收敛于和函数 $\frac{1}{1-x}$.

从这个例子我们看到,幂级数 $\sum_{n=0}^{\infty} x^n$ 的收敛域是一个区间. 对于一般的幂级数,我们有如下定理:

定理 3.4.1(*Abel* 定理)

(1) 若幂级数 $\sum_{n=0}^{\infty} a_n x^n$ 在点 $x = x_0 (x_0 \neq 0)$ 处收敛,则当 $|x| < |x_0|$ 时,幂级数 $\sum_{n=0}^{\infty} a_n x^n$ 绝对收敛;

(2) 若幂级数 $\sum_{n=0}^{\infty} a_n x^n$ 在点 $x = x_0 (x_0 \neq 0)$ 处发散,则当 $|x| > |x_0|$ 时,幂级数 $\sum_{n=0}^{\infty} a_n x^n$ 发散.

证明 (1) 因为级数 $\sum_{n=0}^{\infty} a_n x_0^n$ 收敛,由级数收敛的必要条件知 $\lim_{n\to\infty} a_n x_0^n = 0$,

所以数列$\{a_n x_0^n\}$有界，于是存在常数$M > 0$，使得

$$|a_n x_0^n| \leqslant M \qquad (n = 0,1,2,\cdots),$$

从而

$$|a_n x^n| = |a_n x_0^n| \cdot \left|\frac{x}{x_0}\right|^n \leqslant M\left|\frac{x}{x_0}\right|^n$$

因为当$|x| < |x_0|$时，等比级数$\sum\limits_{n=0}^{\infty}\left|\frac{x}{x_0}\right|^n$收敛$\left(\left|\frac{x}{x_0}\right| < 1\right)$. 由比较判别法可知，级数$\sum\limits_{n=0}^{\infty}|a_n x^n|$收敛，从而级数$\sum\limits_{n=0}^{\infty}a_n x^n$绝对收敛.

(2) 定理第二部分的证明用反证法. 如果幂级数$\sum\limits_{n=0}^{\infty}a_n x^n$在点$x = x_0$处发散，且存在一点$x_1$，$|x_1| > |x_0|$，使得级数$\sum\limits_{n=0}^{\infty}a_n x_1^n$收敛，则由(1)知，级数在点$x = x_0$处应收敛，与假设矛盾. 从而结论(2)成立.

由上述定理可知，对于幂级数$\sum\limits_{n=0}^{\infty}a_n x^n$，除了只在点$x = 0$处收敛的情况外，一定存在实数$R > 0$，使得级数$\sum\limits_{n=0}^{\infty}a_n x^n$在$(-R,R)$内绝对收敛，当$|x| > R$时，级数$\sum\limits_{n=0}^{\infty}a_n x^n$发散. 这样的正数$R$称为幂级数$\sum\limits_{n=0}^{\infty}a_n x^n$的**收敛半径**，开区间$(-R,R)$称为幂级数$\sum\limits_{n=0}^{\infty}a_n x^n$的**收敛区间**. 若幂级数$\sum\limits_{n=0}^{\infty}a_n x^n$对任意$x$都收敛，则规定收敛半径$R = +\infty$，这时收敛区间为$(-\infty, +\infty)$；若幂级数$\sum\limits_{n=0}^{\infty}a_n x^n$只在点$x = 0$处收敛，则规定收敛半径$R = 0$.

定理 3.4.2 若幂级数$\sum\limits_{n=0}^{\infty}a_n x^n$的系数满足

$$\lim_{n\to\infty}\left|\frac{a_{n+1}}{a_n}\right| = l$$

则

(1) 当$0 < l < +\infty$时，$R = \dfrac{1}{l}$；

(2) 当$l = 0$时，$R = +\infty$；

(3) 当$l = +\infty$时，$R = 0$.

证明 如果

$$\lim_{n\to\infty}\left|\frac{a_{n+1}}{a_n}\right| = l$$

则

$$\lim_{n\to\infty}\left|\frac{a_{n+1}x^{n+1}}{a_nx^n}\right| = \lim_{n\to\infty}\left|\frac{a_{n+1}}{a_n}\right|\cdot|x| = l|x|$$

于是,由比值判别法可知:

(1) 当$0 < l < +\infty$时,如果$l|x| < 1$,即$|x| < \frac{1}{l} = R$,则级数$\sum_{n=0}^{\infty} a_nx^n$绝对收敛;如果$l|x| > 1$,即$|x| > \frac{1}{l} = R$,则级数$\sum_{n=0}^{\infty} a_nx^n$发散. 因此,当$0 < l < +\infty$时,$R = \frac{1}{l}$;

(2) 当$l = 0$时,对任意x有$l|x| = 0 < 1$,即级数$\sum_{n=0}^{\infty} a_nx^n$对任意$x$都收敛,因此,$R = +\infty$;

(3) 当$l = +\infty$时,则对任意$x \neq 0$,有

$$\lim_{n\to\infty}\left|\frac{a_{n+1}x^{n+1}}{a_nx^n}\right| = +\infty$$

此时,级数$\sum_{n=0}^{\infty} a_nx^n$发散,所以$R = 0$.

当$0 < R < +\infty$时,为了求出幂级数的收敛域,要对点$x = \pm R$处对应的常数项级数的敛散性进行讨论.

求幂级数$\sum_{n=0}^{\infty} a_nx^n$的收敛域的步骤是: 首先求出收敛半径$R$, 如果$0 < R < +\infty$,则再判断当$x = \pm R$时,幂级数$\sum_{n=0}^{\infty} a_nx^n$对应的常数项级数

$$\sum_{n=0}^{\infty} a_nR^n \text{ 和 } \sum_{n=0}^{\infty} a_n(-R)^n$$

的敛散性,最后写出收敛域.

例 3.4.2 求幂级数$\sum_{n=0}^{\infty}(-1)^n\frac{x^n}{2^n\sqrt{n+1}}$的收敛半径和收敛域.

解 由

$$l = \lim_{n\to\infty}\left|\frac{a_{n+1}}{a_n}\right| = \lim_{n\to\infty}\frac{2^n\sqrt{n+1}}{2^{n+1}\sqrt{n+2}} = \frac{1}{2}$$

得到收敛半径$R = \frac{1}{l} = 2$,收敛区间为$(-2,2)$.

当$x = 2$时,幂级数成为交错级数$\sum_{n=0}^{\infty}(-1)^n\frac{1}{\sqrt{n+1}}$,且满足莱布尼兹判别定理的条件,该级数收敛;

当$x = -2$时,幂级数成为$\sum_{n=0}^{\infty}\frac{1}{\sqrt{n+1}}$,是$p = \frac{1}{2}$的$p$-级数,所以发散.

故幂级数 $\sum_{n=0}^{\infty}(-1)^n\frac{x^n}{2^n\sqrt{n+1}}$ 的收敛域为 $(-2,2]$.

例 3.4.3　求幂级数 $\sum_{n=0}^{\infty}\frac{x^n}{n!}$ 的收敛半径和收敛域.

解　由

$$l=\lim_{n\to\infty}\left|\frac{a_{n+1}}{a_n}\right|=\lim_{n\to\infty}\frac{\frac{1}{(n+1)!}}{\frac{1}{n!}}=\lim_{n\to\infty}\frac{1}{n+1}=0$$

得到收敛半径为 $R=+\infty$,收敛域为 $(-\infty,+\infty)$.

例 3.4.4　求幂级数 $\sum_{n=1}^{\infty}n^nx^n$ 的收敛半径和收敛域.

解　由

$$l=\lim_{n\to\infty}\left|\frac{a_{n+1}}{a_n}\right|=\lim_{n\to\infty}\frac{(n+1)^{n+1}}{n^n}$$

$$=\lim_{n\to\infty}(n+1)\cdot\left(1+\frac{1}{n}\right)^n=+\infty$$

得到收敛半径 $R=0$,于是,级数仅在点 $x=0$ 处收敛,收敛域仅包含一个点 $x=0$.

例 3.4.5　求幂级数 $\sum_{n=0}^{\infty}(-1)^n\frac{1}{2n+1}x^{2n}$ 的收敛半径和收敛域.

解　该级数缺少奇次幂项 $x,x^3,\cdots$,可直接利用比值判别法,

$$\lim_{n\to\infty}\left|\frac{u_{u+1}(x)}{u_n(x)}\right|=\lim_{n\to\infty}\left|\frac{(-1)^{n+1}\frac{x^{2(n+1)}}{2n+3}}{(-1)^n\frac{x^{2n}}{2n+1}}\right|=\lim_{n\to\infty}\left|\frac{(2n+1)x^2}{2n+3}\right|=x^2$$

所以,当 $x^2<1$,即 $|x|<1$ 时,原级数绝对收敛;当 $x^2>1$,即 $|x|>1$ 时,原级数发散. 因此原级数的收敛半径 $R=1$.

当 $x=\pm1$ 时,原级数成为 $\sum_{n=0}^{\infty}(-1)^n\frac{1}{2n+1}$,这是收敛的交错级数. 故原幂级数的收敛域为 $[-1,1]$.

例 3.4.6　求幂级数 $\sum_{n=1}^{\infty}\frac{(2x-3)^n}{2n-1}$ 的收敛域.

解　令 $t=2x-3$,则原幂级数化为关于 t 的幂级数 $\sum_{n=1}^{\infty}\frac{t^n}{2n-1}$,可以求得其收敛半径 $R=1$,收敛域为 $[-1,1)$.

由 $t=2x-3$,即 $-1\leqslant 2x-3<1$,可解得 $1\leqslant x<2$. 于是,幂级数

$$\sum_{n=1}^{\infty}\frac{(2x-3)^n}{2n-1}$$

的收敛域是$[1,2)$.

3.4.2 幂级数的基本性质

定理 3.4.3 设幂级数$\sum_{n=0}^{\infty} a_n x^n$和$\sum_{n=0}^{\infty} b_n x^n$的收敛半径分别为$R_1(>0)$和$R_2(>0)$，记$R=\min\{R_1,R_2\}$，则在区间$(-R,R)$内，两个幂级数可逐项相加减，即

$$\sum_{n=0}^{\infty} a_n x^n \pm \sum_{n=0}^{\infty} b_n x^n = \sum_{n=0}^{\infty} (a_n \pm b_n) x^n.$$

定理 3.4.4 设幂级数$\sum_{n=0}^{\infty} a_n x^n$的收敛半径$R>0$，其和函数为$S(x)$，则

(1) 和函数$S(x)$在收敛区间$(-R,R)$内是连续函数，如果$\sum_{n=0}^{\infty} a_n x^n$还在$x=R$（或$x=-R$）处收敛，则$S(x)$也在$x=R$（或$x=-R$）处左（或右）连续；

(2) 和函数$S(x)$在收敛区间$(-R,R)$内可导，并且幂级数$\sum_{n=0}^{\infty} a_n x^n$可以进行逐项求导，即

$$S'(x) = \left(\sum_{n=0}^{\infty} a_n x^n\right)' = \sum_{n=0}^{\infty} (a_n x^n)' = \sum_{n=0}^{\infty} n a_n x^{n-1}$$

且级数$\sum_{n=0}^{\infty} n a_n x^{n-1}$与$\sum_{n=0}^{\infty} a_n x^n$有相同的收敛半径.

(3) 和函数$S(x)$在收敛区间$(-R,R)$内可积，并且幂级数$\sum_{n=0}^{\infty} a_n x^n$可以进行逐项积分，即

$$\int_0^x S(t)dt = \int_0^x \left(\sum_{n=0}^{\infty} a_n t^n\right) dt = \sum_{n=0}^{\infty} \left(\int_0^x a_n t^n dt\right) = \sum_{n=0}^{\infty} \frac{a_n}{n+1} x^{n+1}$$

且级数$\sum_{n=0}^{\infty} \frac{a_n}{n+1} x^{n+1}$与$\sum_{n=0}^{\infty} a_n x^n$有相同的收敛半径.

注 将幂级数$\sum_{n=0}^{\infty} a_n x^n$逐项求导或逐项积分后，所得到的新的幂级数的收敛半径不变，但是收敛区间的两个端点的敛散性可能发生变化.

利用幂级数的基本性质可求出一些幂级数的和函数.

例 3.4.7 求幂级数$\sum_{n=1}^{\infty} (-1)^{n-1} n x^{n-1}$的和函数.

分析 利用幂级数的性质，将幂级数化为等比级数，先求得该等比级数的和函数，进而求得幂级数的和函数.

解 易求得此幂级数的收敛域为$(-1,1)$，记幂级数的和函数为$S(x)$，即

$$S(x)=1-2x+3x^2-4x^3+\cdots+(-1)^{n-1}nx^{n-1}+\cdots,\ -1<x<1$$

对上式两端在区间$[0,x]$上求定积分得

$$\begin{aligned}\int_0^x S(x)dx &= \int_0^x 1dx-2\int_0^x xdx+3\int_0^x x^2dx-4\int_0^x x^3dx+\cdots+(-1)^{n-1}n\int_0^x x^{n-1}dx+\cdots\\ &= x-x^2+x^3-\cdots+(-1)^{n-1}x^n+\cdots\\ &= \frac{x}{1+x}\end{aligned}$$

对上式两端求导得所求和函数

$$S(x)=\left(\int_0^x S(x)dx\right)'=\left(\frac{x}{1+x}\right)'=\frac{1}{(1+x)^2},\ -1<x<1$$

例 3.4.8 求幂级数$\sum_{n=1}^{\infty}\frac{x^n}{n}$的和函数.

解 易求得此幂级数的收敛域为$[-1,1)$,记幂级数的和函数为$S(x)$,即

$$S(x)=x+\frac{1}{2}x^2+\frac{1}{3}x^3+\cdots+\frac{1}{n}x^n+\cdots,$$

对上式两端求导得

$$\begin{aligned}S'(x)&=1+x+x^2+\cdots+x^{n-1}+\cdots\\&=\frac{1}{1-x},(-1<x<1)\end{aligned}$$

对上式两端在区间$[0,x]$上求定积分得

$$\int_0^x S'(x)dx=S(x)-S(0)=\int_0^x\frac{1}{1-x}dx=-\ln(1-x)$$

于是,所求和函数

$$S(x)=-\ln(1-x),(-1\leqslant x<1)$$

特别地,根据定理3.4.4(1),当$x=-1$时,有

$$\sum_{n=1}^{\infty}\frac{(-1)^{n-1}}{n}=-S(-1)=\ln 2$$

例 3.4.9 求数项级数$\sum_{n=1}^{\infty}\frac{n}{2^n}$的和.

解 级数$\sum_{n=1}^{\infty}\frac{n}{2^n}$可看作是幂级数$\sum_{n=1}^{\infty}nx^n$在$x=\frac{1}{2}$处的值. 先求幂级数$\sum_{n=1}^{\infty}nx^n$的和函数,可以算出该幂级数的收敛域为$(-1,1)$,设其和函数为$S(x)$,则

$$\begin{aligned}S(x)&=\sum_{n=1}^{\infty}nx^n=x\sum_{n=1}^{\infty}nx^{n-1}=x\left(\sum_{n=1}^{\infty}x^n\right)'\\&=x\left(\frac{x}{1-x}\right)'=\frac{x}{(1-x)^2},\ x\in(-1,1)\end{aligned}$$

从而有

$$\sum_{n=1}^{\infty}\frac{n}{2^n}=S\left(\frac{1}{2}\right)=2$$

习题 3.4

1. 求下列幂级数的收敛半径和收敛域.

(1) $\sum\limits_{n=1}^{\infty}nx^n$;　　(2) $1-x+\frac{x^2}{2^2}-\frac{x^3}{3^2}+\cdots$;

(3) $\frac{x}{2}+\frac{x^2}{2\cdot 4}+\frac{x^3}{2\cdot 4\cdot 6}+\cdots$;　　(4) $\frac{x}{1\cdot 3}+\frac{x^2}{2\cdot 3^2}+\frac{x^3}{3\cdot 3^3}+\frac{x^4}{4\cdot 3^4}+\cdots$;

(5) $x+\frac{2^2}{5}x^2+\frac{2^3}{10}x^3+\cdots+\frac{2^n}{n^2+1}x^n+\cdots$.

2. 求下列幂级数的收敛域.

(1) $\sum\limits_{n=1}^{\infty}2nx^{2n-1}$;　　(2) $\sum\limits_{n=0}^{\infty}(-1)^n\frac{x^{2n+1}}{2n+1}$;

(3) $\sum\limits_{n=1}^{\infty}\frac{2n-1}{2^n}x^{2n-2}$;　　(4) $\sum\limits_{n=1}^{\infty}\frac{(x-5)^n}{\sqrt{n}}$;

(5) $\sum\limits_{n=1}^{\infty}\frac{(-1)^n}{2n-1}(2x-3)^n$.

3. 求下列级数的收敛域.

(1) $\sum\limits_{n=1}^{\infty}\frac{2n-1}{2^n}(x-1)^{2n-1}$;　　(2) $\sum\limits_{n=1}^{\infty}\frac{(x-2)^{2n}}{n\cdot 4^n}$.

4. 求下列级数的和函数.

(1) $\sum\limits_{n=1}^{\infty}nx^{n-1}$;　　(2) $\sum\limits_{n=1}^{\infty}\frac{x^{4n+1}}{4n+1}$;

(3) $\sum\limits_{n=1}^{\infty}n(n+1)x^n$.

5. 求常数项级数 $\sum\limits_{n=1}^{\infty}\frac{1}{(2n-1)2^n}$ 的和.

3.5　函数的幂级数展开式

3.5.1　泰勒级数

我们已经知道,幂级数在其收敛域内可以表示一个函数. 由于幂级数不仅形式简单,而且在收敛域内具有很多优越的性质,这就使我们想到与此相反的问题:能否把一个给定的函数 $f(x)$ 表示为幂级数．也就是说,能否寻找一个幂级数,使得在其收敛域内的和函数恰好是函数 $f(x)$．如果可以的话,我们称该幂级数为函数 $f(x)$ 的**幂级数展开式**．

在上册第4章第4.7节中我们已经看到,若函数 $f(x)$ 在点 x_0 处的某一邻域内具有直到 $n+1$ 阶的导数,则在该邻域内,函数 $f(x)$ 的 n 阶泰勒公式

$$f(x)=f(x_0)+f'(x_0)(x-x_0)+\frac{f''(x_0)}{2!}(x-x_0)^2+\cdots+\frac{f^{(n)}(x_0)}{n!}(x-x_0)^n+R_n(x) \tag{3.5.1}$$

成立,其中 $R_n(x)$ 为拉格朗日余项:

$$R_n(x)=\frac{f^{(n+1)}(\zeta)}{(n+1)!}(x-x_0)^{n+1}$$

ζ 是介于 x_0 与 x 之间的某个值．

在(3.5.1)式中取前 $n+1$ 项得到 n 次多项式

$$P_n(x)=f(x_0)+f'(x_0)(x-x_0)+\frac{f''(x_0)}{2!}(x-x_0)^2+\cdots+\frac{f^{(n)}(x_0)}{n!}(x-x_0)^n \tag{3.5.2}$$

我们称(3.5.2)式为**泰勒多项式**．这时,函数 $f(x)$ 可以用泰勒多项式 $P_n(x)$ 近似表达,其误差等于拉格朗日余项的绝对值 $|R_n(x)|$．显然,如果拉格朗日余项的绝对值 $|R_n(x)|$ 满足:

$$\lim_{n\to\infty}|R_n(x)|=0,$$

即 $|R_n(x)|$ 随着 n 的增大而减小,那么我们可以用增加泰勒多项式的项数来提高近似的精度．

定义3.5.1 若函数 $f(x)$ 在点 x_0 处的某邻域内具有任意阶导数,则称级数

$$f(x_0)+f'(x_0)(x-x_0)+\frac{f''(x_0)}{2!}(x-x_0)^2+\cdots+\frac{f^{(n)}(x_0)}{n!}(x-x_0)^n+\cdots \tag{3.5.3}$$

为函数 $f(x)$ 在点 x_0 处的**泰勒级数**．若(3.5.3)式中,取 $x_0=0$,则称级数

$$f(0)+f'(0)x+\frac{f''(0)}{2!}x^2+\cdots+\frac{f^{(n)}(0)}{n!}x^n+\cdots \tag{3.5.4}$$

为函数 $f(x)$ 的**麦克劳林级数**．

定理3.5.1 若函数 $f(x)$ 在点 x_0 处的某邻域内具有任意阶导数,则泰勒级数在该邻域内收敛于函数 $f(x)$,也就是说,函数 $f(x)$ 可以展成泰勒级数

$$f(x)=f(x_0)+f'(x_0)(x-x_0)+\frac{f''(x_0)}{2!}(x-x_0)^2+\cdots+\frac{f^{(n)}(x_0)}{n!}(x-x_0)^n+\cdots$$

的充要条件是函数 $f(x)$ 的泰勒公式中的余项对于该邻域内的任何 x,恒有

$$\lim_{n\to\infty}R_n(x)=0$$

证明 充分性 若$\lim\limits_{n\to\infty}R_n(x)=0$,由泰勒公式有

$$f(x)=P_n(x)+R_n(x)$$

因此

$$f(x)=\lim_{n\to\infty}P_n(x)$$

必要性 若$f(x)=\lim\limits_{n\to\infty}P_n(x)$,由于

$$R_n(x)=f(x)-P_n(x)$$

因此

$$\lim_{n\to\infty}R_n(x)=f(x)-\lim_{n\to\infty}P_n(x)=f(x)-f(x)=0$$

定理证毕.

关于函数$f(x)$在点x_0处的幂级数展开式有如下定理

定理3.5.2 若函数$f(x)$在点x_0的某邻域内能展成幂级数,则这个幂级数一定是泰勒级数,也就是说,若

$$f(x)=\sum_{n=0}^{\infty}c_n(x-x_0)^n$$

则

$$c_n=\frac{f^{(n)}(x_0)}{n!}\quad(n=0,1,2,\cdots)$$

证明 如果在点x_0的某邻域内

$$f(x)=c_0+c_1(x-x_0)+c_2(x-x_0)^2+\cdots+c_n(x-x_0)^n+\cdots$$

令$x=x_0$,得

$$c_0=f(x_0)$$

在收敛区间内对$f(x)$逐项求导,得

$$f'(x)=c_1+2c_2(x-x_0)+\cdots+nc_n(x-x_0)^{n-1}+\cdots$$

令$x=x_0$,得

$$c_1=f'(x_0)$$

在收敛区间内对$f'(x)$逐项求导,得

$$f''(x)=2c_2+2\cdot3c_3(x-x_0)+\cdots+n(n-1)c_n(x-x_0)^{n-2}+\cdots$$

令$x=x_0$,得

$$c_2=\frac{f''(x_0)}{2!}$$

如此继续逐项求n次导数,得

$$f^{(n)}(x)=n!c_n+(n+1)n(n-1)\cdots3\cdot2c_{n+1}(x-x_0)+\cdots$$

令$x=x_0$,得

$$c_n=\frac{f^{(n)}(x_0)}{n!}$$

把求出的 $c_0, c_1, c_2, \cdots, c_n, \cdots$ 代入 $f(x)$ 得

$$f(x) = f(x_0) + f'(x_0)(x - x_0) + \frac{f''(x_0)}{2!}(x - x_0)^2 + \cdots + \frac{f^{(n)}(x_0)}{n!}(x - x_0)^n + \cdots$$

$$= \sum_{n=0}^{\infty} \frac{f^{(n)}(x_0)}{n!}(x - x_0)^n$$

定理证毕.

3.5.2 函数的幂级数展开式

将函数展成幂级数有直接展开法和间接展开法.

3.5.2.1 直接展开法

把已知函数 $f(x)$ 展开成 x 的泰勒级数可以按照下列步骤进行:

(1) 求出函数 $f(x)$ 的各阶导数

$$f'(x), f''(x), \cdots, f^{(n)}(x), \cdots;$$

(2) 求出函数 $f(x)$ 及其各阶导数在点 $x = 0$ 处的值

$$f(0), f'(0), f''(0), \cdots, f^{(n)}(0), \cdots;$$

(3) 写出幂级数

$$f(0) + f'(0)x + \frac{f''(0)}{2!}x^2 + \cdots + \frac{f^{(n)}(0)}{n!}x^n + \cdots,$$

并求出收敛半径 R;

(4) 判断当 x 在收敛区间 $(-R, R)$ 内时, 余项 $R_n(x)$ 的极限

$$\lim_{n\to\infty} R_n(x) = \lim_{n\to\infty} \frac{f^{(n+1)}(\zeta)}{(n+1)!}x^{n+1} \qquad (\zeta \text{ 介于} 0 \text{ 与 } x \text{ 之间})$$

是否为零. 若 $\lim\limits_{n\to\infty} R_n(x) = 0$, 则函数 $f(x)$ 在 $(-R, R)$ 内的幂级数展开式为

$$f(x) = f(0) + f'(0)x + \frac{f''(0)}{2!}x^2 + \cdots + \frac{f^{(n)}(0)}{n!}x^n + \cdots, (-R < x < R)$$

例 3.5.1 将函数 $f(x) = e^x$ 展成 x 的幂级数.

解 因为 $f^{(n)}(x) = e^x (n = 0, 1, 2, \cdots)$, 所以 $f^{(n)}(0) = 1 (n = 0, 1, 2, \cdots)$, 于是得麦克劳林级数

$$1 + x + \frac{1}{2!}x^2 + \cdots + \frac{1}{n!}x^n + \cdots$$

其收敛半径为 $R = +\infty$.

对于任何 $x \in (-\infty, +\infty)$, 由于 $R_n(x)$ 中的 ζ 介于 0 与 x 之间, 所以

$$|R_n(x)| = \left| \frac{e^{\zeta}}{(n+1)!}x^{n+1} \right| < e^{|x|} \cdot \frac{|x|^{n+1}}{(n+1)!}$$

因为 $e^{|x|}$ 有限, 而 $\frac{|x|^{n+1}}{(n+1)!}$ 是收敛级数 $\sum\limits_{n=0}^{\infty} \frac{|x|^{n+1}}{(n+1)!}$ 的一般项, 所以当 $n \to \infty$ 时,

$$e^{|x|}\cdot\frac{|x|^{n+1}}{(n+1)!}\to 0$$

即当 $n\to\infty$ 时,有 $|R_n(x)|\to 0$. 于是得到函数 $f(x)=e^x$ 的麦克劳林级数展开式

$$e^x=1+x+\frac{1}{2!}x^2+\cdots+\frac{1}{n!}x^n+\cdots,\quad x\in(-\infty,+\infty)\quad(3.5.5)$$

例 3.5.2 将函数 $f(x)=\sin x$ 展成 x 的幂级数.

解 因为 $f^{(k)}(x)=\sin(x+k\cdot\frac{\pi}{2})(k=1,2,\cdots)$,所以

$$f(0)=0,f'(0)=1,f''(x)=0,f'''(0)=-1,\cdots$$
$$f^{(2k)}(0)=0,f^{(2k+1)}(0)=(-1)^k,\cdots$$

于是得级数

$$x-\frac{1}{3!}x^3+\frac{1}{5!}x^5+\cdots+(-1)^{n-1}\frac{1}{(2n-1)!}x^{2n-1}+\cdots$$

其收敛半径为 $R=+\infty$.

对于任何 $x\in(-\infty,+\infty)$,由于 $R_n(x)$ 中的 ζ 介于 0 与 x 之间,所以

$$|R_n(x)|=\left|\frac{\sin\left[\zeta+(n+1)\cdot\frac{\pi}{2}\right]}{(n+1)!}x^{n+1}\right|\leqslant\frac{|x|^{n+1}}{(n+1)!}\to 0\quad(n\to\infty)$$

于是得到函数 $f(x)=\sin x$ 的麦克劳林级数展开式

$$\sin x=x-\frac{1}{3!}x^3+\frac{1}{5!}x^5+\cdots+(-1)^{n-1}\frac{1}{(2n-1)!}x^{2n-1}+\cdots,x\in(-\infty,+\infty)\quad(3.5.6)$$

类似可以得到函数 $f(x)=\cos x$ 的麦克劳林级数展开式

$$\cos x=1-\frac{1}{2!}x^2+\frac{1}{4!}x^4-\cdots+(-1)^n\frac{1}{2n!}x^{2n}+\cdots,x\in(-\infty,+\infty)\quad(3.5.7)$$

例 3.5.3 将函数 $f(x)=(1+x)^\alpha$ 展成 x 的幂级数,其中 α 为任意常数.

解 因为

$$f'(x)=\alpha(1+x)^{\alpha-1}$$
$$f''(x)=\alpha(\alpha-1)(1+x)^{\alpha-2}$$
$$f'''(x)=\alpha(\alpha-1)(\alpha-2)(1+x)^{\alpha-3}$$
$$\cdots$$
$$f^{(n)}(x)=\alpha(\alpha-1)(\alpha-2)\cdots(\alpha-n+1)(1+x)^{\alpha-n}$$

所以

$$f(0)=1,f'(0)=\alpha,f''(0)=\alpha(\alpha-1),\cdots$$
$$f^{(n)}(0)=\alpha(\alpha-1)(\alpha-2)\cdots(\alpha-n+1)$$
$$\cdots$$

于是得级数

$$1+\alpha x+\frac{\alpha(\alpha-1)}{2!}x^2+\cdots+\frac{\alpha(\alpha-1)(\alpha-2)\cdots(\alpha-n+1)}{n!}x^n+\cdots$$

由

$$\lim_{n\to\infty}\left|\frac{a_{n+1}}{a_n}\right|=\lim_{n\to\infty}\left|\frac{\alpha(\alpha-1)(\alpha-2)\cdots(\alpha-n)n!}{\alpha(\alpha-1)(\alpha-2)\cdots(\alpha-n+1)(n+1)!}\right|$$
$$=\lim_{n\to\infty}\left|\frac{\alpha-n}{n+1}\right|=1$$

得到收敛半径为 $R=1$.

对于任何 $x\in(-1,1)$,有

$$\lim_{n\to\infty}|R_n(x)|=0.$$

于是

$$(1+x)^\alpha=1+\alpha x+\frac{\alpha(\alpha-1)}{2!}x^2+\cdots+\frac{\alpha(\alpha-1)(\alpha-2)\cdots(\alpha-n+1)}{n!}x^n+\cdots$$
$$x\in(-1,1)\quad(3.5.8)$$

这个展开式称为**二项展开式**,当 α 为正整数时,就是二项式定理.

注 二项展开式在区间的端点 $x=\pm1$ 处的敛散性与 α 的具体数值有关(证明超出本教材范围,证明略):

(1) 当 $\alpha\leqslant-1$ 时,其收敛区间为 $(-1,1)$;

(2) 当 $-1<\alpha<0$ 时,其收敛区间为 $(-1,1]$;

(3) 当 $\alpha>0$ 时,其收敛区间为 $[-1,1]$.

特别地,当 $\alpha=-1$ 时,得到几何级数

$$\frac{1}{1+x}=1-x+x^2-x^3+\cdots+(-1)^nx^n+\cdots,\qquad x\in(-1,1)$$
$$(3.5.9)$$

3.5.2.2 间接展开法

通过上面的例子可以看出,利用直接展开法对一个函数进行幂级数展开比较麻烦,且讨论余项 $R_n(x)$ 是否趋于零往往很困难. 由于函数的幂级数展式是唯一的,所以可以利用一些已知的函数展开式以及幂级数的性质,将所给函数展成幂级数,这种方法称为**间接展开法**. 间接展开法需要掌握一些常用的函数展开式,下面将常用函数的麦克劳林级数展开式罗列如下:

(1) $(1+x)^\alpha$

$$=1+\alpha x+\frac{\alpha(\alpha-1)}{2!}x^2+\cdots+\frac{\alpha(\alpha-1)(\alpha-2)\cdots(\alpha-n+1)}{n!}x^n$$

$$+\cdots, x\in(-1,1)$$

特别地,

$$\frac{1}{1-x}=\sum_{n=0}^{\infty}x^n=1+x+x^2+x^3+\cdots+x^n+\cdots, x\in(-1,1)$$

$$\frac{1}{1+x}=\sum_{n=0}^{\infty}(-1)^n x^n=1-x+x^2-x^3+\cdots+(-1)^n x^n+\cdots, x\in(-1,1)$$

(2) $$e^x=\sum_{n=0}^{\infty}\frac{x^n}{n!}=1+x+\frac{1}{2!}x^2+\cdots+\frac{1}{n!}x^n+\cdots, x\in(-\infty,+\infty)$$

(3) $$\sin x=\sum_{n=0}^{\infty}(-1)^n\frac{x^{2n+1}}{(2n+1)!}$$

$$=x-\frac{1}{3!}x^3+\frac{1}{5!}x^5+\cdots+(-1)^n\frac{1}{(2n+1)!}x^{2n+1}+\cdots, x\in(-\infty,+\infty)$$

(4) $$\cos x=\sum_{n=0}^{\infty}(-1)^n\frac{x^{2n}}{(2n)!}$$

$$=1-\frac{1}{2!}x^2+\frac{1}{4!}x^4-\cdots+(-1)^n\frac{1}{(2n)!}x^{2n}+\cdots, x\in(-\infty,+\infty)$$

例 3.5.4 将函数 $f(x)=\ln(1+x)$ 展成 x 的幂级数.

解 因为 $[\ln(1+x)]'=\dfrac{1}{1+x}$, 所以

$$\ln(1+x)=\int_0^x\frac{1}{1+t}dt$$

由于

$$\frac{1}{1+x}=\sum_{n=0}^{\infty}(-1)^n x^n=1-x+x^2-x^3+\cdots+(-1)^n x^n+\cdots, x\in(-1,1)$$

将上式两端从 0 到 x 逐项积分,得

$$\ln(1+x)=\sum_{n=0}^{\infty}(-1)^n\frac{x^{n+1}}{n+1}=x-\frac{x^2}{2}+\frac{x^3}{3}-\frac{x^4}{4}+\cdots+(-1)^{n-1}\frac{x^n}{n}+\cdots,$$

$$x\in(-1,1]$$

因为上式右端的幂级数当 $x=1$ 时收敛,而 $\ln(1+x)$ 在 $x=1$ 处有定义且连续,所以上述展开式对 $x=1$ 也是成立的. 于是有

$$\ln 2=1-\frac{1}{2}+\frac{1}{3}-\frac{1}{4}+\cdots+(-1)^{n-1}\frac{1}{n}+\cdots$$

例 3.5.5 将函数 $f(x)=\cos^2 x$ 展成 x 的幂级数.

解 因为 $\cos^2 x=\dfrac{1+\cos 2x}{2}$,而

$$\cos x=\sum_{n=0}^{\infty}(-1)^n\frac{x^{2n}}{(2n)!}=1-\frac{1}{2!}x^2+\frac{1}{4!}x^4-\cdots+(-1)^n\frac{1}{(2n)!}x^{2n}+\cdots,$$

$$x\in(-\infty,+\infty)$$

于是

$$\cos^2 x = \frac{1}{2} + \frac{1}{2}\sum_{n=0}^{\infty}(-1)^n \frac{(2x)^{2n}}{(2n)!}$$

$$= \frac{1}{2} + \frac{1}{2}\left[1 - \frac{1}{2!}(2x)^2 + \frac{1}{4!}(2x)^4 - \cdots + (-1)^n \frac{1}{(2n)!}(2x)^{2n} + \cdots\right]$$

$$= 1 - \frac{1}{2\cdot 2!}(2x)^2 + \frac{1}{2\cdot 4!}(2x)^4 - \cdots + (-1)^n \frac{1}{2\cdot(2n)!}(2x)^{2n} + \cdots$$

$$x \in (-\infty, +\infty)$$

例 3.5.6 将函数 $\frac{d}{dx}\left(\frac{e^x - 1}{x}\right)$ 展成 x 的幂级数.

解 因为

$$e^x = 1 + x + \frac{1}{2!}x^2 + \cdots + \frac{1}{n!}x^n + \cdots, x \in (-\infty, +\infty)$$

$$\frac{e^x - 1}{x} = 1 + \frac{x}{2!} + \frac{x^2}{3!} + \cdots + \frac{x^{n-1}}{n!} + \cdots, (x \neq 0)$$

两边逐项微分,得

$$\frac{d}{dx}\left(\frac{e^x - 1}{x}\right) = \frac{1}{2!} + \frac{2}{3!}x + \cdots + \frac{n-1}{n!}x^{n-2} + \cdots, (x \neq 0)$$

例 3.5.7 将函数 $f(x) = \frac{1}{x^2 + 4x + 3}$ 在点 $x = 1$ 处展成泰勒级数.

解 因为

$$f(x) = \frac{1}{x^2 + 4x + 3} = \frac{1}{(x+1)(x+3)} = \frac{1}{2(1+x)} - \frac{1}{2(3+x)}$$

$$= \frac{1}{4\left(1 + \frac{x-1}{2}\right)} - \frac{1}{8\left(1 + \frac{x-1}{4}\right)}$$

而

$$\frac{1}{4\left(1 + \frac{x-1}{2}\right)} = \frac{1}{4}\left[1 - \frac{x-1}{2} + \frac{(x-1)^2}{2^2} - \cdots + (-1)^n \frac{(x-1)^n}{2^n} + \cdots\right]$$

$$(-1 < x < 3)$$

$$\frac{1}{8\left(1 + \frac{x-1}{4}\right)} = \frac{1}{8}\left[1 - \frac{x-1}{4} + \frac{(x-1)^2}{4^2} - \cdots + (-1)^n \frac{(x-1)^n}{4^n} + \cdots\right]$$

$$(-3 < x < 5)$$

所以

$$f(x) = \frac{1}{x^2 + 4x + 3} = \sum_{n=0}^{\infty}(-1)^n\left(\frac{1}{2^{n+2}} - \frac{1}{2^{2n+3}}\right)(x-1)^n, (-1 < x < 3)$$

习题 3.5

1. 将下列函数展成 x 的幂级数.

(1) $f(x) = x^2e^{x^2}$;

(2) $f(x) = \sin^2 x$;

(3) $f(x) = (1+x)\ln(1+x)$;

(4) $f(x) = \arcsin x(|x|<1)$;

(5) $f(x) = \ln(1+x-2x^2)$;

(6) $f(x) = \dfrac{1}{x^2-3x+2}$;

(7) $f(x) = \dfrac{1}{(1-x)^2}$;

(8) $f(x) = \ln(a+x)(a>0)$.

2. 将下列函数展成 $x-1$ 的幂级数.

(1) e^x;

(2) $\dfrac{1}{x}$;

(3) $\ln x$.

3. 将 $\sin\dfrac{\pi}{2}x$ 展成 $x+2$ 的幂级数.

4. 将 $\dfrac{1}{x^2+3x+2}$ 展成 $x+4$ 的幂级数.

总习题 3

1. 填空题

(1) 已知 $a_n = \int_0^1 x^2(1-x)^n dx$,则级数 $\sum\limits_{n=1}^{\infty} a_n$ 收敛于__________;

(2) $\sum\limits_{n=0}^{\infty} \dfrac{(-1)^n}{n!} \cdot \sum\limits_{n=0}^{\infty} \dfrac{1}{n!} =$ ____________________;

(3) 函数 $f(x) = \ln(3+x)$ 在点 $x=0$ 处的幂级数展开式为________.

2. 选择题

(1) 已知 $\lim\limits_{n\to\infty} u_n = a$,则 $\sum\limits_{n=1}^{\infty}(u_n - u_{n+1}) =$ (　　).

(A) 收敛于 0　　(B) 收敛于 a

(C) 收敛于 $u_1 - a$　　(D) 发散

(2) 若级数 $\sum\limits_{n=1}^{\infty}(u_n + v_n)$ 收敛,则(　　).

(A) $\sum\limits_{n=1}^{\infty} u_n$ 和 $\sum\limits_{n=1}^{\infty} v_n$ 都收敛

(B) $\sum\limits_{n=1}^{\infty} u_n$ 和 $\sum\limits_{n=1}^{\infty} v_n$ 中至少有一个收敛

(C) $\sum_{n=1}^{\infty} u_n, \sum_{n=1}^{\infty} v_n$ 不一定收敛

(D) $\sum_{n=1}^{\infty} |u_n + v_n|$收敛

(3) 若级数 $\sum_{n=1}^{\infty} u_n(x-1)^n$ 在点 $x=-1$ 处收敛,则此级数在点 $x=2$ 处(　　).

(A) 条件收敛　　(B) 绝对收敛

(C) 发散　　(D) 敛散性不能确定

(4) 设 $a_1, a_2, \cdots, a_n, \cdots$ 是一等差数列($a_1 \neq 0$),则幂级数 $\sum_{n=1}^{\infty} a_n x^n$ 的收敛域是(　　).

(A) $[-1,1]$　　(B) $[-1,1)$

(C) $(-1,1]$　　(D) $(-1,1)$

3. 判断下列级数的敛散性

(1) $\sum_{n=1}^{\infty} \frac{1}{1+a^n} (a>0)$;　　(2) $\sum_{n=2}^{\infty} n^{\lambda} \sin \frac{\pi}{2\sqrt{n}}$;

(3) $\sum_{n=2}^{\infty} \frac{n^{\ln n}}{(\ln n)^n}$;　　(4) $\sum_{n=1}^{\infty} n \tan \frac{\pi}{2^{n+1}}$;

(5) $\sum_{n=2}^{\infty} \frac{1}{(\ln n)^{\ln n}}$;　　(6) $\sum_{n=1}^{\infty} \left(1-\cos \frac{\pi}{n}\right)$;

(7) $\sum_{n=1}^{\infty} \int_0^{\frac{1}{n}} \frac{x}{1+x^2} dx$;　　(8) $\sum_{n=1}^{\infty} \frac{n}{3^n} \sin^2 \frac{n\pi}{6}$.

4. 判断下列级数的敛散性

(1) $\sum_{n=1}^{\infty} (-1)^n (\sqrt{n+1} - \sqrt{n})$;

(2) $\frac{1}{\sqrt{2}-1} - \frac{1}{\sqrt{2}+1} + \frac{1}{\sqrt{3}-1} - \frac{1}{\sqrt{3}+1} + \cdots + \frac{1}{\sqrt{n}-1} - \frac{1}{\sqrt{n}+1} + \cdots$.

5. 讨论级数 $\sum_{n=1}^{\infty} \frac{x^n}{1-x^n} (x \neq \pm 1)$ 的敛散性,若为收敛,指出是绝对收敛还是条件收敛.

6. 试求下列极限:

(1) $\lim_{n\to\infty} \frac{2^n n!}{n^n}$;　　(2) $\lim_{n\to\infty} \frac{n^k}{a^n} (a>1)$;

(3) $\lim_{n\to\infty} \frac{n^n}{(n!)^2}$.

7. 求下列级数的和函数

(1) $\sum_{n=1}^{\infty}\frac{n^2}{n!}x^n$;　　(2) $\sum_{n=1}^{\infty}\frac{1}{n(n+1)}x^n$;

(3) $\sum_{n=1}^{\infty}\frac{1}{n2^n}x^{n-1}$.

8. 将下列函数展开成 x 的幂级数

(1) $f(x)=\frac{12-5x}{6-5x-x^2}$;　　(2) $f(x)=\arctan\frac{1+x}{1-x}$;

(3) $f(x)=\int_0^x \cos t^2 dt$.

9. 证明:若级数 $\sum_{n=1}^{\infty}a_n(a_n\geqslant 0)$ 收敛,则

(1) $\sum_{n=1}^{\infty}\frac{\sqrt{a_n}}{n}$ 收敛;　　(2) $\sum_{n=1}^{\infty}\frac{a_n}{1+a_n}$ 收敛;

(3) $\sum_{n=1}^{\infty}\frac{a_n}{\sqrt{n}}$ 收敛.

10. 设级数 $\sum_{n=1}^{\infty}a_n^2$ 收敛,求证 $\sum_{n=1}^{\infty}(-1)^n\frac{|a_n|}{\sqrt{n^2+\lambda}}(\lambda>0)$ 绝对收敛.

4 微分方程

研究客观事物的内在联系需寻求变量之间的函数关系,但在许多问题中,往往不能直接找出所求的函数关系,而只能找出所求函数与其导数或微分之间的关系,这样的关系式即为微分方程.通过微分方程求出未知函数,即解微分方程.本章介绍微分方程的基本概念和几种常见微分方程的解法,最后介绍微分方程在经济学中的简单应用.

4.1 微分方程的基本概念

首先我们通过两个实例来引入微分方程的基本概念.

例4.1.1 一曲线通过点(1,1),且该曲线上任一点 $M(x,y)$ 处的切线斜率为 x,求此曲线方程.

解 设所求曲线方程为 $y = y(x)$,由题意有

$$\begin{cases} y' = x & (4.1.1) \\ y\big|_{x=1} = 1 & (4.1.2) \end{cases}$$

对(4.1.1)两端积分,有

$$y = \frac{x^2}{2} + C \tag{4.1.3}$$

将(4.1.2)代入(4.1.3)得 $1 = \frac{1}{2} + C, C = \frac{1}{2}$

故所求曲线方程为 $y = \frac{x^2}{2} + \frac{1}{2}$.

例4.1.2 已知商品的需求价格弹性 $E_d = 0.02P$,并且对该商品的最大需求 $Q = 1\,000$,求需求函数.

解 由需求价格弹性定义得方程

$$-\frac{P}{Q}\cdot\frac{dQ}{dP} = 0.02P \text{ 即} \frac{dQ}{dP} = -0.02Q$$

且 $P = 0$ 时,$Q = 1\,000$

将方程改写为

$$\frac{dQ}{Q} = -0.02dP$$

两端积分得

$$\int \frac{dQ}{Q} = -\int 0.02dP, \text{即} \ln Q = -0.02P + C$$

其中 C 为任意常数,故

$$Q = e^c \cdot e^{-0.02P}$$
$$= C_1 \cdot e^{-0.02P}$$

其中 $C_1 = e^c$ 为常数

由 $P = 0$ 时 $Q = 1\ 000$ 得 $C_1 = 1\ 000$,

故 $Q = 1\ 000e^{-0.02P}$.

定义 4.4.1　表示未知函数、未知函数的导数或微分与自变量之间联系的方程,称为微分方程;未知函数是一元时,称为常微分方程;未知函数是多元时,称为偏微分方程.

微分方程中所出现的未知函数的最高阶导数的阶数,称为微分方程的阶.

本章只讨论常微分方程

如 $x^3y'' + xy' - y = x$ 为二阶微分方程.

$x(y')^2 - 2yy' + x = 0$ 为一阶微分方程.

n 阶微分方程的一般形式为 $F(x, y, y', \cdots, y^{(n)}) = 0$,其中 $y^{(n)}$ 是必须在方程中出现的.

定义 4.4.2　如果某函数 $y = \varphi(x)$ 于区间 I 上有 n 阶导数,在区间 I 上满足:$F[x, \varphi(x), \varphi'(x), \cdots, \varphi^{(n)}(x)] \equiv 0$,则称函数 $y = \varphi(x)$ 为该微分方程的解.

若微分方程的解中含有任意常数,且相互独立的任意常数个数等于微分方程的阶数,这样的解称为微分方程的**通解**. 通解中确定了任意常数的解,称为微分方程的**特解**.

如　$y = e^x$ 和 $y = e^{-x}$ 都为微分方程 $y'' - y = 0$ 的解.

通常一阶微分方程用来确定任意常数的条件是 $y\big|_{x=x_0} = y_0$,如例4.1.1;如果微分方程是二阶的,则用条件 $y\big|_{x=x_0} = y_0, y'\big|_{x=x_0} = y_1$,来确定任意常数,其中:$x_0, y_0, y_1$ 为给定值,这样的条件称为**初始条件**.

例如,对方程 $y'' = 2$,我们有:

(1) $y = x^2 + C_1x + C_2$ 是其通解,对任意特定数 C_1, C_2,如令 $C_1 = 1, C_2 = 0$,则得 $y = x^2 + x$ 为其特解.

(2) $y = x^2 + Cx$ 为原方程的解,但既非通解,也非特解.

习题 4.1

1. 指出下列各微分方程的阶数.

(1) $(y')^2 - yy' + x^2 = 0$;　　(2) $x^3y'' - xy' + y^2 = 0$;

(3) $\frac{d^2y}{dx^2} - y = x^4$;　　(4) $ydx - xdy = 0$.

2. 判断下列函数是否为微分方程 $y'' - 3y' + 2y = 0$ 的解

(1) $y = e^x$;　　(2) $y = e^{-x}$;

(3) $y = e^{2x}$;　　(4) $y = e^{-2x}$.

3. 验证由方程 $x^2 - xy + y^2 = C$ 所确定的函数为微分方程

$$(x - 2y)y' = 2x - y$$

的通解.

4. 已知某微分方程通解为 $y = (C_1 + C_2x)e^{-2x}$,求满足

$$y\Big|_{x=0} = 0, y'\Big|_{x=0} = 1$$

的特解.

4.2　一阶微分方程

一阶微分方程的一般形式为 $F(x,y,y') = 0$,本节讨论几种常见的一阶微分方程.

4.2.1　可分离变量的微分方程

如果一个一阶微分方程能写为

$$g(y)dy = f(x)dx \tag{4.2.1}$$

的形式,这样的方程称为**可分离变量的微分方程**.

对方程(4.2.1)两端积分,则 $\int g(y)dy = \int f(x)dx$

设 $G(y)$, $F(x)$ 分别为 $g(y)$, $f(x)$ 的一个原函数,则方程(4.2.1)的通解为

$$G(y) = F(x) + C.$$

例 4.2.1　求微分方程 $y' = e^{2x-y}$ 满足初始条件 $y\Big|_{x=0} = 0$ 的特解.

解　分离变量得 $e^ydy = e^{2x}dx$

两端积分 $e^y = \frac{1}{2}e^{2x} + C$

由 $y\Big|_{x=0} = 0$ 有 $1 = \frac{1}{2} + C, C = \frac{1}{2}$

故

$$e^y = \frac{1}{2}(e^{2x} + 1)$$

所求特解为 $y = \ln\frac{e^{2x} + 1}{2}$.

例 4.2.2　求解微分方程 $(e^{x+y} - e^x)dx + (e^{x+y} + e^y)dy = 0$.

解　原方程为

$$e^x(e^y - 1)dx + e^y(e^x + 1)dy = 0$$

当 $e^y - 1 \neq 0$ 即 $y \neq 0$ 时,分离变量得

$$\frac{e^y}{e^y - 1}dy = -\frac{e^x}{e^x + 1}dx$$

两端积分 $\ln|e^y - 1| = -\ln(e^x + 1) + \ln|C|$　　　（C 为任意非零常数）

$$(e^x + 1)(e^y - 1) = C$$

显然 $y = 0$ 满足原方程,故原方程通解为

$$(e^x + 1)(e^y - 1) = C, \qquad (C\text{ 为任意常数}).$$

4.2.2　齐次方程

形如

$$\frac{dy}{dx} = \varphi\left(\frac{y}{x}\right) \tag{4.2.2}$$

的一阶微分方程称为齐次方程.

对上述齐次方程(4.2.2)作变换 $u = \frac{y}{x}$ 则 $y = ux$.

$$\frac{dy}{dx} = u + x \cdot \frac{du}{dx}$$

代入(4.2.2)有

$$u + x \cdot \frac{du}{dx} = \varphi(u)$$

$$x \cdot \frac{du}{dx} = \varphi(u) - u$$

当 $\varphi(u) - u \neq 0$ 时,有 $\int\frac{1}{\varphi(u) - u}du = \int\frac{1}{x}dx$

从中求出 $u = \varphi(x, C)$. 代入 $u = \frac{y}{x}$ 便可得原方程的通解.

若 $\varphi(u) - u = 0$ 有根 $u = u_0$,则 $y = u_0 x$ 也为原方程的解.

例 4.2.3　求解微分方程 $\frac{dy}{dx} = 2\sqrt{\frac{y}{x}} + \frac{y}{x}$.

解　令 $u=\frac{y}{x}$ 则 $x\frac{du}{dx}+u=2\sqrt{u}+u$

$$x\frac{du}{dx}=2\sqrt{u}$$

当 $u\neq 0$ 时,分离变量得 $\frac{du}{2\sqrt{u}}=\frac{dx}{x}$

$$\sqrt{u}=\ln|x|+C$$

代入 $u=\frac{y}{x}$ 得原方程通解为

$$y=x(\ln|x|+C)^2$$

当 $u=0$ 时,原方程还有一解 $y=0$.

4.2.3　一阶线性微分方程

4.2.3.1　一阶线性微分方程

形如

$$\frac{dy}{dx}+p(x)y=q(x) \tag{4.2.3}$$

的微分方程称为一阶线性微分方程. 其中 $p(x),q(x)$ 为连续函数. 方程特点为 y,y' 均是一次的.

当 $q(x)=0$ 时,方程(4.2.3) 为

$$\frac{dy}{dx}+p(x)y=0 \tag{4.2.4}$$

称方程(4.2.4) 为一阶齐次线性微分方程

$q(x)$ 不恒为零时,称方程(4.2.3) 为一阶非齐次线性微分方程

为求出方程(4.2.3) 的解,先求其对应齐次线性方程(4.2.4) 的解,对方程(4.2.4) 分离变量得

$$\frac{dy}{y}=-p(x)dx$$

易求得其通解为

$$y=Ce^{-\int p(x)dx} \tag{4.2.5}$$

对非齐次方程(4.2.3) 求解,可用"常数变易法",把方程(4.2.5) 中任意常数 C 换为待定函数 $u(x)$,即设

$$y=u(x)e^{-\int p(x)dx} \tag{4.2.6}$$

使 $y=u(x)e^{-\int p(x)dx}$ 为原方程(4.2.3) 的解. 若这样的函数 $u(x)$ 可求出,则可求出方程(4.2.3) 的通解.

由

$$y' = u'e^{-\int p(x)dx} - up(x)e^{-\int p(x)dx}$$

代入方程(4.2.3)得

$$u'e^{-\int p(x)dx} - up(x)e^{-\int p(x)dx} + p(x)\cdot ue^{-\int p(x)dx} = q(x)$$

即

$$u'e^{-\int p(x)dx} = q(x)$$

$$u' = q(x)e^{\int p(x)dx}$$

故

$$u = \int q(x)e^{\int p(x)dx} + C$$

得原方程(4.2.3)的通解为

$$\begin{aligned} y &= e^{-\int p(x)dx}\left(\int q(x)e^{\int p(x)dx}dx + C\right) \\ &= Ce^{-\int p(x)dx} + e^{-\int p(x)dx}\int q(x)e^{\int p(x)dx}dx \end{aligned} \tag{4.2.7}$$

上式右端第一项是对应齐次线性方程(4.2.4)的通解．第二项是非齐次线性方程(4.2.3)的一个特解,这只需在其通解(4.2.7)中令 $C=0$ 即可得．故一阶非齐次线性方程的通解等于对应的齐次方程的通解与非齐次方程的一个特解之和．

具体求解时,可直接作代换(4.2.6)用常数变易法或套用公式(4.2.7)求解.

例 4.2.4　求方程 $\frac{dy}{dx} - \frac{2y}{x+1} = x$ 的通解．

解　此为一阶非齐次线性方程,用常数变易法求解．先求其对应齐次方程的解．

$$\frac{dy}{dx} - \frac{2y}{x+1} = 0$$

$$\frac{dy}{y} = \frac{2dx}{x+1}$$

$$y = C(x+1)^2$$

令

$$y = u(x)(x+1)^2$$

则

$$\frac{dy}{dx} = u'(x)(x+1)^2 + 2u(x)(x+1)$$

代入原方程得

$$u'(x) = \frac{x}{(1+x)^2}$$

$$u(x) = \ln(1+x) + \frac{1}{1+x} + C$$

原方程通解为

$$y = (1+x)^2\left[\ln(1+x) + \frac{1}{1+x} + C\right]$$

例 4.2.5 求微分方程 $(y^2 - 6x)\frac{dy}{dx} + 2y = 0$ 的通解.

分析:本题把 y 视为 x 的函数,不便求解. 但若把 x 视为 y 的函数,则易求解.

解 原方程可写为

$$\frac{dx}{dy} - \frac{3}{y}x = -\frac{y}{2}$$

由公式(4.2.7)有

$$\begin{aligned} x &= e^{\int \frac{3}{y}dy}\left(\int -\frac{y}{2}e^{-\int \frac{3}{y}dy}dy + C\right) \\ &= y^3\left(\int -\frac{y}{2} \times \frac{1}{y^3}dy + C\right) \\ &= \frac{y^2}{2} + Cy^3 \end{aligned}$$

注 在求解微分方程时,需灵活选择自变量与因变量,以化为可求解的方程类型.

4.2.3.2 贝努利方程

方程

$$\frac{dy}{dx} + p(x)y = q(x)y^{\alpha}(\alpha \text{ 为常数,且 } \alpha \neq 0,1) \tag{4.2.8}$$

称为贝努利方程,易知当 $\alpha = 0$ 或 $\alpha = 1$ 时上式为一阶线性微分方程,上节已讨论了其解法. 当 $\alpha \neq 0,1$ 时,方程不为线性的,但可用下面的变量代换方法将其化为线性的,此时,方程(4.2.8)可化为

$$y^{-\alpha}\frac{dy}{dx} + p(x)y^{1-\alpha} = q(x) \tag{4.2.9}$$

令

$$z = y^{1-\alpha}$$

则

$$\frac{dz}{dx} = (1-\alpha)y^{-\alpha}\frac{dy}{dx}$$

$$y^{-\alpha}\frac{dy}{dx} = \frac{1}{1-\alpha} \cdot \frac{dz}{dx}$$

代入方程(4.2.9)得

$$\frac{dz}{dx} + (1-\alpha)p(x)z = (1-\alpha)q(x)$$

此为一阶线性微分方程，求出其通解便可由 $z=y^{1-\alpha}$ 求出原方程(4.2.8)的通解．

例 4.2.6　求微分方程 $\frac{dy}{dx}+\frac{1}{x}y=x^2y^6$ 的通解．

解　此为 $\alpha=6$ 的贝努利方程，方程两端除以 y^6 得

$$y^{-6}\frac{dy}{dx}+\frac{1}{x}y^{-5}=x^2$$

令 $z=y^{-5}$，则 $\frac{dz}{dx}=-5y^{-6}\frac{dy}{dx}$，代入上式，原方程化为

$$\frac{dz}{dx}-\frac{5}{x}z=5x^2$$

此为一阶线性微分方程，可求得其通解

$$z=x^5\left(\frac{5}{2x^2}+C\right)$$

由 $z=y^{-5}$ 得原方程通解为

$$x^5y^5\left(\frac{5}{2x^2}+C\right)=1$$

习题 4.2

1. 求下列微分方程通解．

(1) $xy'-y=0$；　(2) $x(y-1)y'-2y=0$；

(3) $(x^2+1)(y^2-1)dx+xydy=0$；　(4) $y'=\frac{y}{x}\ln y$；

(5) $(y+1)^2dy+x^3dx=0$；　(6) $\sec^2x\tan y dx+\sec^2y\tan x dy=0$.

2. 求下列微分方程特解．

(1) $xy'-y=x\tan\frac{y}{x}, y\big|_{x=1}=\frac{\pi}{2}$；

(2) $(x^2+y^2)dx=xydy, y\big|_{x=1}=0$.

3. 求解下列微分方程．

(1) $y'+y-e^{-x}=0$；　(2) $\frac{dy}{dx}+y\tan x-\sin 2x=0$；

(3) $\frac{dy}{dx}+2xy-4x=0$；　(4) $y'-\frac{2}{x}y=\frac{1}{2}x$；

(5) $y'+2xy-2xe^{-x^2}=0$；　(6) $\frac{dy}{dx}+\frac{y}{x}=ay^2\ln x$.

4. 求下列微分方程的特解．

(1) $y'-\frac{y}{x}=-\frac{2}{x}\ln x, y\big|_{x=1}=1$；

(2) $(1-x^2)dy+(xy-1)dx=0,y\Big|_{x=0}=1$.

5. 求微分方程 $2xydy-(x^2+y^2)dx=0$ 满足初始条件 $y\Big|_{x=1}=3$ 的特解.

4.3 几类可降阶的二阶微分方程

本节介绍三类特殊的二阶微分方程.它们的共同特征是都可通过变量代换逐步降为一阶微分方程,从而可利用前面的方法求解.

4.3.1 $y''=f(x)$ 型的微分方程

微分方程

$$y''=f(x) \tag{4.3.1}$$

特点是右端只有自变量 x,容易看出,令 $y'=z$,则原方程为 $z'=f(x)$. 此为一阶微分方程,方程两端积分得 $y'=\int f(x)dx+C_1$,此方程已比原方程降低一阶,如此连续积分二次,便可求得方程(4.3.1)的通解.

例 4.3.1 求微分方程 $y''=x+e^x$ 的通解.

解 对原方程两端连续积分两次得

$$y'=\int(x+e^x)dx=\frac{x^2}{2}+e^x+C_1$$

$$y=\int\left(\frac{x^2}{2}+e^x+C_1\right)dx$$

$$=\frac{x^3}{6}+e^x+C_1x+C_2 \qquad (C_1,C_2\text{ 为任意常数})$$

即得原方程通解.

4.3.2 $y''=f(x,y')$ 型的微分方程

微分方程

$$y''=f(x,y') \tag{4.3.2}$$

特点是方程右端不显含未知函数 y. 令 $y'=p$ 由 $y''=\dfrac{dp}{dx}=p'$ 可知原方程化为 $p'=f(x,p)$,这是一个关于 x 与 p 的一阶微分方程,如能求出其通解为 $p=\varphi(x,C_1)$. 则方程(4.3.2)通解为 $y=\int\varphi(x,C_1)dx+C_2$.

例 4.3.2 求微分方程 $y''-y'=e^x$,满足初始条件 $y\Big|_{x=0}=0,y'\Big|_{x=0}=0$ 的特解.

解 此方程不显含 y,令 $y'=p$,则原方程化为

$$p' - p = e^x$$

此为一阶线性微分方程.

其通解为

$$\begin{aligned} p &= e^{\int dx}\left(\int e^x \cdot e^{-\int dx} dx + C_1\right) \\ &= e^x(x + C_1) \end{aligned} \tag{4.3.3}$$

原方程通解为

$$\begin{aligned} y &= \int p dx = \int e^x(x + C_1) dx \\ &= xe^x - e^x + C_1 e^x + C_2 \end{aligned} \tag{4.3.4}$$

将 $y'\big|_{x=0} = 0$ 代入(4.3.3) 得 $C_1 = 0$

将 $y\big|_{x=0} = 0$ 及 $C_1 = 0$ 代入(4.3.4) 得 $C_2 = 1$

故所求特解为 $y = xe^x - e^x + 1$.

4.3.3 $y'' = f(y, y')$ 型的微分方程

微分方程

$$y'' = f(y, y') \tag{4.3.5}$$

的特点是不显含 x,令 $y' = p$,将 y' 看作 y 的函数,则

$$y'' = \frac{dp}{dx} = \frac{dp}{dy} \cdot \frac{dy}{dx} = p\frac{dp}{dy}$$

这样,方程(4.3.5) 化为

$$p\frac{dp}{dy} = f(y, p)$$

此为关于 y, p 的一阶线性微分方程,若能求出其通解为 $p = \varphi(y, C_1)$

即

$$\frac{dy}{dx} = \varphi(y, C_1)$$

分离变量

$$\frac{dy}{\varphi(y, C_1)} = dx$$

两端积分则可求得原方程(4.3.5) 通解为

$$x = \int \frac{1}{\varphi(y, C_1)} dy + C_2$$

例 4.3.3 求微分方程 $yy'' - y'^2 = 0$ 的通解.

解 方程不明显地含自变量 x,设 $y' = p$,

则

$$y'' = p\frac{dp}{dy}$$

代入方程,得

$$yp\frac{dp}{dy} - p^2 = 0$$

在 $y \neq 0$、$p \neq 0$ 时,约去 p 并分离变量,得

$$\frac{dp}{p} = \frac{dy}{y}$$

两端积分,得

$$\ln|y| = \ln|y| + C$$

即

$$p = C_1 y, \text{或}\ y' = C_1 y \qquad (C_1 = \pm e^C)$$

再分离变量并两端积分,便得方程的通解为

$$\ln|p| = C_1 x + C'_2$$

或

$$y = C_2 e^{C_1 x} \qquad (C_2 = \pm e^{C'_2}).$$

习题 4.3

1. 求下列各微分方程的通解或满足初始条件的特解.

(1) $y''' = xe^x$;

(2) $y'' = \sec^2 x$,满足 $y\Big|_{x=\frac{\pi}{4}} = \frac{\ln 2}{2}, y'\Big|_{x=\frac{\pi}{4}} = 1$;

(3) $xy'' + y' - x^2 = 0$;

(4) $yy'' - (y')^2 = 0$;

(5) $y'' = 1 + y'^2$;

(6) $y'' = (y')^3 + y'$.

2. 求满足 $y'' = x$ 的经过点 $M(0,1)$ 且在此点与直线 $y = \frac{x}{2} + 1$ 相切的曲线方程.

3. 求下列微分方程满足初始条件的特解.

(1) $y'' - ay'^2 = 0$, 其中 $y\Big|_{x=0} = 0, y'\Big|_{x=0} = -1$;

(2) $y^3 y'' = -1$, 其中 $y\Big|_{x=1} = 1, y'\Big|_{x=1} = 0$.

4.4 二阶线性微分方程及其通解结构

如果微分方程关于未知函数及其各阶导数都是一次的,则该方程称为线性

微分方程.

二阶线性微分方程的一般形式是

$$y'' + p(x)y' + q(x)y = f(x) \tag{4.4.1}$$

其中 $p(x)$,$q(x)$,$f(x)$ 都是 x 的已知连续函数,$f(x)$ 称为**自由项**.

称方程

$$y'' + p(x)y' + q(x)y = 0 \tag{4.4.2}$$

为对应于方程(4.4.1)的**二阶齐次线性微分方程**.

当 $f(x)$ 不为零时,则称方程(4.4.1)为**二阶非齐次线性微分方程**.

首先讨论二阶齐次线性方程

$$y'' + p(x)y' + q(x)y = 0$$

的通解结构.

定理 4.4.1　*若函数 $y_1(x)$,$y_2(x)$ 为方程(4.4.2)的两个解*

则

$$y = C_1y_1(x) + C_2y_2(x) \tag{4.4.3}$$

也为方程(4.4.2)的解,其中 C_1,C_2 为任意常数.

直接根据解的定义即可证明本定理.

本定理表明齐次方程的解符合叠加原理. 值得注意的是解(4.4.3)中虽含 C_1,C_2 两个任意常数,但它不一定为方程(4.4.2)的通解. 如当 $y_1(x) = y_2(x)$,解(4.4.3)为

$$y = C_1y_1(x) + C_2y_2(x) = (C_1 + C_2)y_1(x)$$

此时只含一个任意常数 $C_1 + C_2$,显然不是方程(4.4.2)的通解. 至于何时解(4.4.3)才能成为方程(4.4.2)的通解,需引入函数的相关性概念.

定义 4.4.1　*设 $y_1(x)$,$y_2(x)$ 为定义在区间 I 上的两个函数,若存在两个不全为零的常数 k_1,k_2,使 $k_1y_1(x) + k_2y_2(x) = 0$ 成立,则称 $y_1(x)$,$y_2(x)$ 于区间 I 上线性相关,否则称它们线性无关.*

由定义(4.4.1)容易验证:两个函数线性相关当且仅当它们成比例.

如函数 $1 + \cos 2x$, $\cos^2 x$ 于整个数轴上线性相关. 这是因为取 $k_1 = 1$, $k_2 = -2$ 时,有恒等式:

$$1 + \cos 2x - 2\cos^2 x = 0, x \in R$$

而函数 1,$\cos 2x$ 于整个数轴上线性无关. 因为 $\frac{\cos 2x}{1} = \cos 2x$ 不恒为常数.

有了线性无关的概念,我们给出关于二阶齐次线性微分方程的通解结构定理.

定理 4.4.2　*设 $y_1(x)$,$y_2(x)$ 是方程(4.4.3)的两个线性无关的特解,则 $y = C_1y_1(x) + C_2y_2(x)$($C_1$,$C_2$ 为任意常数)为方程(4.4.2)的通解.*

例如 $y_1 = e^x$,$y_2 = e^{-x}$ 分别为二阶齐次线性方程 $y'' - y = 0$ 的解,且 y_1,y_2 线

性无关(因 y_1, y_2 不成比例),故方程 $y'' - y = 0$ 的通解为

$$y = C_1 e^x + C_2 e^{-x} \quad (C_1, C_2 \text{ 为任意常数}).$$

下面讨论二阶非齐次线性方程解的结构.

在 4.2.3 的讨论中已经看到,一阶非齐次线性微分方程的通解由两部分构成:一部分是对应的齐次方程的通解,另一部分是非齐次方程本身的一个特解.一般地,二阶及更高阶的非齐次线性微分方程的通解也有相同结构.

定理 4.4.3 设 $y^*(x)$ 是二阶非齐次方程

$$y'' + p(x)y' + q(x)y = f(x) \tag{4.4.1}$$

的一个特解,$Y(x)$ 是其对应齐次方程(4.4.2) 的通解,则

$$y = Y(x) + y^*(x) \tag{4.4.4}$$

为非齐次方程(4.4.1) 的通解.

证明 把 y 代入方程(4.4.1) 有

$$\begin{aligned} y'' + p(x)y' + q(x)y &= [Y'' + p(x)Y' + q(x)Y] + [y^{*''} + p(x)y^{*'} + q(x)y^*] \\ &= f(x) + 0 \\ &= f(x) \end{aligned}$$

故 y 为方程(4.4.1) 的解

又

$$y = Y(x) + y^* = C_1 y_1(x) + C_2 y_2(x) + y^*$$

中含两个独立任意常数 C_1, C_2,故 y 为方程(4.4.1) 的通解.

下面给出非齐次线性微分方程解的叠加原理.

定理 4.4.4 设 y_1^*, y_2^* 分别为方程

$$y'' + p(x)y' + q(x)y = f_1(x)$$

$$y'' + p(x)y' + q(x)y = f_2(x)$$

的特解,则 $y_1^* + y_2^*$ 为方程

$$y'' + p(x)y' + q(x)y = f_1(x) + f_2(x) \tag{4.4.5}$$

的特解.

只需将 $y_1^* + y_2^*$ 代入(4.4.5) 验证即可证明本定理.

习题 4.4

1. 下列函数组在其定义域内哪些线性相关?哪些线性无关?

(1) x^2, x^4; (2) $x^2, 4x^2$;

(3) e^x, e^{3x}; (4) $e^x, 3e^x$;

(5) $\sin^2 x, \cos 2x$; (6) $1, \cos 2x, \cos^2 x$;

2. 验证 e^x, e^{3x} 都是微分方程 $y'' - 4y' + 3y = 0$ 的解,并写出微分方程通解.

3. 验证 $y_1 = \cos\omega x, y_2 = \sin\omega x$ 都是微分方程 $y'' + \omega^2 y = 0$ 的解,并写出微

分方程通解.

4. 设 y_1,y_2,y_3 都是微分方程 $y''+p(x)y'+q(x)y=f(x)$ 的解,且 y_1-y_2 与 y_2-y_3 线性无关,求该微分方程通解.

4.5 二阶常系数齐次线性微分方程

二阶常系数线性齐次微分方程的一般形式为

$$y''+py'+qy=0 \tag{4.5.1}$$

其中 p,q 为常数

下面讨论微分方程(4.5.1)的解法.

为求方程(4.5.1)的特解,现考察指数函数 $y=e^{rx}$,因为指数函数有如下特点:y 和其各阶导数 $y^{(n)}$ 只差一个常数因子,我们希望能找到某常数 r,使 $y=e^{rx}$ 满足方程(4.5.1).

为求待定常数 r,将 $y=e^{rx}$ 代入方程(4.5.1),由 $y'=re^{rx}$,$y''=r^2e^{rx}$,

有

$$(r^2+pr+q)e^{rx}=0$$

又 $e^{rx}\neq 0$,故

$$r^2+pr+q=0 \tag{4.5.2}$$

由此看出,只要 r 满足方程(4.5.2),$y=e^{rx}$ 就满足方程(4.5.1),我们称代数方程(4.5.2)为微分方程(4.5.1)的**特征方程**.

由初等代数知,方程(4.5.2)可能有:① 两不同实根;② 两相等实根;③ 一对共轭复根.相应地微分方程(4.5.1)的通解也有如下三种情况:

(1)特征方程有两不同实根 $r_1\neq r_2$

此时 $y_1=e^{r_1x}$,$y_2=e^{r_2x}$ 分别为微分方程(4.5.1)的两个特解,且 $\dfrac{y_2}{y_1}=e^{(r_2-r_1)x}$ 不为常数,即 y_1,y_2 线性无关,故方程(4.5.1)的通解为

$$y=C_1e^{r_1x}+C_2e^{r_2x}\ (C_1,C_2\text{ 为任意常数}).$$

(2)特征方程有两个相同实根 $r_1=r_2=r$

此时只得到方程(4.5.1)的一个解 $y_1=e^{rx}$,现在验证 $y_2=xe^{rx}$ 也为微分方程(4.5.1)的一个特解.

将

$$y_2=xe^{rx},y'=e^{rx}+rxe^{rx},y''=2re^{rx}+r^2xe^{rx}$$

代入方程(4.5.1),并注意到 r 为特征方程(4.5.2)的二重根,满足

$$r^2+pr+q=0\quad\text{且 } 2r+p=0$$

有

$$2re^{rx}+r^2xe^{rx}+p(e^{rx}+rxe^{rx})+qxe^{rx}$$
$$=e^{rx}[(r^2+pr+q)x+2r+p]$$
$$=0$$

又

$\frac{y_2}{y_1}=x$ 不为常数,故 y_1,y_2 线性无关.

由此得微分方程(4.5.1)的通解为

$$y=C_1e^{r_1x}+C_2\cdot xe^{rx}=(C_1+C_2x)e^{r_1x}\ (C_1,C_2\text{ 为任意常数}).$$

(3) 特征方程有一对共轭复根 $r_1=\alpha+i\beta,r_2=\alpha-i\beta \qquad (\beta\neq 0)$

令

$$\tilde{y}_1=e^{\alpha x}\cos\beta x$$
$$\tilde{y}_2=e^{\alpha x}\sin\beta x$$

可以验证 $\tilde{y}_1,\tilde{y}_2$ 仍为方程(4.5.1)的解,且$\frac{\tilde{y}_1}{\tilde{y}_2}=\cot\beta x$ 不为常数,

故 $\tilde{y}_1,\tilde{y}_2$ 线性无关,由此得方程(4.5.1)的通解为

$$y=e^{\alpha x}(C_1\cos\beta x+C_2\sin\beta x)$$

例 4.5.1　求方程 $y''-3y'+2y=0$ 的通解.

解　特征方程为

$$r^2-3r+2=0$$

解得

$$r_1=1,r_2=2$$

故方程通解为

$$y=C_1e^x+C_2e^{2x}$$

例 4.5.2　求方程 $y''-2y'+y=0$ 的通解.

解　特征方程为

$$r^2-2r+1=0$$

解得

$$r_1=r_2=1$$

故方程通解为

$$y=(C_1+C_2x)e^x$$

例 4.5.3　求方程 $y''+2y'+5y=0$ 的通解.

解　特征方程为

$$r^2+2r+5=0$$

解得

$$r=-1\pm 2i$$

故方程通解为

$$y = e^{-x}(C_1\cos 2x + C_2\sin 2x)$$

习题 4.5

1. 求下列微分方程的通解.

(1) $y'' - 6y' + 5y = 0$;　　(2) $y'' + 16y = 0$;

(3) $y'' - 4y' + 13y = 0$;　　(4) $y'' - 2y' + y = 0$.

2. 求下列微分方程满足初始条件的特解.

(1) $y'' + 5y' + 6y = 0, y\big|_{x=0} = 1, y'\big|_{x=0} = 6$;

(2) $y'' - 10y' + 25y = 0, y\big|_{x=0} = 0, y'\big|_{x=0} = 1$;

(3) $y'' - 2y' + 10y = 0, y\big|_{x=\frac{\pi}{6}} = 0, y'\big|_{x=\frac{\pi}{6}} = 0$;

(4) $y'' + 25y = 0, y\big|_{x=0} = 2, y'\big|_{x=0} = 5$.

4.6　二阶常系数非齐次线性微分方程

二阶常系数非齐次线性微分方程的一般形式为

$$y'' + py' + qy = f(x) \tag{4.6.1}$$

其中 p,q 为常数,$f(x)$ 为已知函数.

由定理4.4.3知,要求非齐次常系数线性微分方程的通解,只需求出方程本身的一个特解和相应齐次方程的通解,而二阶常系数齐次线性微分方程的通解问题在上节已经解决,故这里关键在寻找方程(4.6.1)的一个特解 y^*.

下面给出方程(4.6.1)的右端 $f(x)$ 取常见形式时求特解 y^* 的方法. 特解形式应与方程(4.61)右端函数 $f(x)$ 形式相同.

4.6.1　$f(x) = P_m(x)e^{\lambda x}$ 型

其中

$$\mathrm{P_m}(x) = a_0x^m + a_1x^{m-1} + \cdots + a_{m-1}x + a_m \quad (a_0 \neq 0)$$

为 m 次多项式

由于此时方程(4.6.1)右端为指数函数与多项式的乘积,而指数函数与多项式乘积的导数仍为指数函数与多项式乘积,因此我们希望能找到某待定多项式 $Q(x)$,使 $y^* = Q(x)e^{\lambda x}$ 为方程(4.6.1)的特解.

为此,令

$$y^* = Q(x)e^{\lambda x}$$

则

$$y^{*\prime} = e^{\lambda x}[\lambda Q(x) + Q'(x)]$$

$$y^{*''} = e^{\lambda x}[\lambda^2 Q(x) + 2\lambda Q'(x) + Q''(x)]$$

代入方程(4.6.1)化简得

$$Q''(x) + (2\lambda + p)Q'(x) + (\lambda^2 + p\lambda + q)Q(x) = \mathrm{P}_m(x) \quad (4.6.2)$$

(1) 若 λ 不是(4.6.1)对应齐次方程的特征方程 $r^2 + pr + q = 0$ 的根,因(4.6.2)两端多项式次数应相同,故应设 $Q(x)$ 为一个 m 次多项式

$$Q_m(x) = b_0x^m + b_1x^{m-1} + \cdots + b_{m-1}x + b_m$$

将 $Q(x)$ 代入(4.6.2)再用待定系数法求出 $b_0, b_1, \cdots, b_m$,从而得特解

$$y^* = Q_m(x)e^{\lambda x}$$

(2) 若 λ 为特征方程的单根,则 $\lambda^2 + p\lambda + q = 0$,且 $2\lambda + p \neq 0$,对比(4.6.2)两端多项次数即知 $Q'(x)$ 应为 m 次多项式,故令 $Q(x) = xQ_m(x)$,同(1)用待定系数法可求出 $Q(x)$,从而得特解

$$y^* = xQ_m(x)e^{\lambda x}$$

(3) 若 λ 为特征方程的重根,则 $\lambda^2 + p\lambda + q = 0$,且 $2\lambda + p = 0$,同上可知 $Q''(x)$ 必为 m 次多项式,故令 $Q_m(x) = x^2Q_m(x)$,同上求出 $Q(x)$ 进而得特解

$$y^* = x^2Q_me^{\lambda x}.$$

综上所述,当 $f(x) = P_m(x)e^{\lambda x}$ 时,可设 $y^* = x^kQ_m(x)e^{\lambda x}$ 为方程(4.6.1)特解,其中

$$k = \begin{cases} 0, & \lambda \text{ 不为特征根} \\ s,(s = 1,2), & \lambda \text{ 为 } s \text{ 重特征根} \end{cases}$$

例 4.6.1 求 $2y'' + y' - y = 2e^x$ 的一个特解.

解 所给方程对应齐次方程的特征方程为

$$2r^2 + r - 1 = 0$$

$\lambda = 1$ 不是特征根,故设 $y^* = ae^x$ 为原方程一个特解,代入原方程得

$$2ae^x + ae^x - ae^x = 2e^x$$

有

$$a = 1$$

故 $y^* = e^x$ 即为原方程一个特解.

例 4.6.2 求 $y'' + 3y' + 2y = 3xe^{-x}$ 的通解.

解 原方程对应齐次方程的特征方程为

$$r^2 + 3r + 2 = 0$$

特征根为 $r_1 = -1, r_2 = -2$,对应齐次方程通解为

$$Y = C_1e^{-x} + C_2e^{-2x}$$

由 $\lambda = -1$ 为特征方程单根,故可设

$$y^* = xe^{-x}(ax + b)$$

为原方程一个特解,

代入方程消去 e^{-x} 得

$$2ax + (2a + b) = 3x$$

比较系数得

$$a = \frac{3}{2}, b = -3$$

从而得特解

$$y^* = e^{-x}\left(\frac{3}{2}x^2 - 3x\right)$$

故原方程通解为

$$y = Y + y^* = C_1e^{-x} + C_2e^{-2x} + e^{-x}\left(\frac{3}{2}x^2 - 3x\right)$$

4.6.2 $f(x) = e^{\lambda x}(A\cos\omega x + B\sin\omega x)$ 型(λ, ω, A, B 均为常数,$\omega \neq 0$)

当 $f(x)$ 为指数函数与正弦、余弦函数的乘积之和时,$f(x)$ 的一阶、二阶导数仍为指数函数与正弦、余弦函数的乘积之和,和前面讨论类似,可设方程(4.4.5)的一个特解为如下形式:

$$y^* = x^k e^{\lambda x}(a\cos\omega x + b\sin\omega x)$$

其中 a, b 为常数. 将 y^* 代入方程(4.4.5),可知

$$k = \begin{cases} 0, 当\ \lambda \pm i\omega\ 不是特征根 \\ 1, 当\ \lambda \pm i\omega\ 是特征根 \end{cases}$$

再用待定系数法求出 a, b 即可求得.

例 4.6.3 求微分方程 $y'' + 4y = \sin 2x$ 的一个特解.

解 原方程对应齐次方程的特征方程为 $r^2 + 4 = 0$,

解得特征根为 $r_{1,2} = \pm 2i$,由 $f(x) = \sin 2x, \lambda = 0, \omega = 2$

得

$$\lambda \pm i\omega = \pm 2i\ 是特征根,$$

故设特解

$$y^* = x(a\cos 2x + b\sin 2x)$$

将 y^* 代入原方程有

$$4b\cos 2x - 4a\sin 2x = \sin 2x$$

故 $a = -\frac{1}{4}, b = 0$. 所求特解为

$$y^* = -\frac{1}{4}x\cos 2x.$$

例 4.6.4 求 $y'' + y = e^x + \cos x$ 的通解.

解 原方程对应齐次方程的特征方程为 $r^2 + 1 = 0$,知 $r = \pm i$,

对应齐次方程通解为

$$Y = C_1\cos x + C_2\sin x$$

对方程 $y'' + y = e^x$，可设特解为 $y_1^* = ae^x$

对方程 $y'' + y = \cos x$，因为 $\lambda + i\omega = i$ 是特征根，故设特解为

$$y_2^* = x(b\cos x + c\sin x)$$

由解的叠加原理，可设

$$y^* = ae^x + x(b\cos x + c\sin x)$$

为原方程的一个特解，将 y^* 代入原方程得

$$2ae^x + 2c\cos x - 2b\sin x = e^x + \cos x$$

对比系数

$$a = \frac{1}{2}, b = 0, c = \frac{1}{2}$$

得

$$y^* = \frac{1}{2}e^x + \frac{1}{2}x\sin x$$

故原方程通解为

$$y = Y + y^* = C_1\cos x + C_2\sin x + \frac{1}{2}e^x + \frac{1}{2}x\sin x$$

习题 4.6

1. 求下列微分方程的通解.

(1) $y'' - 4y' + 3y = 6$;

(2) $y'' - 3y' + \frac{9}{4}y = e^x$;

(3) $y'' + 2y' + 2y = 10\sin 2x$;

(4) $y'' - 2y' + 12xe^x = e^x\sin 2x$;

(5) $y'' - 6y' + 9y = (x+1)e^{3x}$;

(6) $y'' + y = e^x + \cos x$.

2. 求下列微分方程特解.

(1) $y'' + y = \cos 3x, y\big|_{x=\frac{\pi}{2}} = 4, y'\big|_{x=\frac{\pi}{2}} = -1$;

(2) $y'' - 4y' + 3y = 8e^{5x}, y\big|_{x=0} = 3, y'\big|_{x=0} = 9$;

(3) $y'' - 2y' + y = e^x, y\big|_{x=0} = 1, y'\big|_{x=0} = 0$.

3. 设函数 $\varphi(x)$ 连续，且满足 $\varphi(x) = e^x + \int_0^x t\varphi(t)dt - x\int_0^x \varphi(t)dt$，求 $\varphi(x)$.

4.7 微分方程在经济学中的应用

微分方程是经济研究的一个重要工具,当讨论的经济变量取值随时间连续变化时,许多经济问题可归结为微分方程,下面介绍微分方程在经济学中的一些简单应用.

4.7.1 马尔萨斯(Mathus)人口增长模型

马尔萨斯曾根据统计资料得到结论:人口的增长率是常数. 下面我们建立马尔萨斯人口增长的微分方程模型.

设时刻 t 的人口数为 $X(t)$,经过一段时间 Δt 后,在 $t+\Delta t$ 时刻的人口数为 $X(t+\Delta t)$,根据马尔萨斯的结论有

$$X(t+\Delta t)-X(t)=\gamma_0 X(t)\Delta t$$

其中 γ_0 为某常数

两端同除 Δt 并令 $\Delta t\to 0$ 得

$$\lim_{\Delta t\to 0}\frac{X(t+\Delta t)-X(t)}{\Delta t}=\gamma_0 X(t)$$

又知初始时刻人口数量为 X_0,故得微分方程

$$\begin{cases}\dfrac{dX(t)}{dt}=\gamma_0 X(t)\\ X(0)=X_0\end{cases}$$

此为可分离变量的微分方程,易求得 $X(t)=X_0 e^{\gamma_0 t}$

上式表明:人口随时间呈指数增长,故称为指数增长模型.

4.7.2 多马(Domer)经济增长模型

设 $S(t)$ 为时刻 t 的储蓄,$I(t)$ 为时刻 t 的投资,$Y(t)$ 为时刻 t 的国民收入,收入的一部分作为储蓄,收入的增长率与投资成正比,且储蓄全部用于投资,多马曾提出如下宏观经济模型:

$$\begin{cases}S(t)=\alpha Y(t)\\ I(t)=\beta\dfrac{dY}{dt}\\ S(t)=I(t)\\ Y(0)=Y_0\end{cases}$$

其中 α、β 为正的常数,Y_0 为初期国民收入,α 称为储蓄率,β 称为加速数.

消去 $S(t)$,$I(t)$,易得关于 $Y(t)$ 的微分方程

$$\frac{dY}{dt}=\frac{\alpha}{\beta}Y$$

令 $\lambda = \dfrac{\alpha}{\beta}$,则$\dfrac{dY}{dt} = \lambda Y$

此为可分离变量微分方程,其通解为 $Y = Ce^{\lambda t}$.

由 $Y(0) = Y_0$ 得

$$C = Y_0$$

故

$$Y(t) = Y_0 e^{\lambda t}$$

$$S(t) = I(t) = \alpha Y(t) = \alpha Y_0 e^{\lambda t}$$

由 $\lambda > 0$ 知,$Y(t)$,$I(t)$,$S(t)$ 是随时间增加而增加的.

4.7.3 价格调整模型

设商品的供给与需求函数分别为

$$S = a + bP,\ D = c - dP \tag{4.7.1}$$

其中 a,b,c,d 均为常数,且 $b > 0,d > 0$

时刻 t 时价格 $P(t)$ 的变化率$\dfrac{dP}{dt}$与超额需求量 $D - S$ 成正比,即

$$\frac{dP}{dt} = k(D - S) \tag{4.7.2}$$

其中 $k > 0$ 且为常数,反映价格调整速度.

将式(4.7.1)代入式(4.7.2)得一阶线性非齐次微分方程

$$\frac{dP}{dt} = -k(b + d)P + k(c - a)$$

易求得其通解为

$$P(t) = \frac{c - a}{b + d} + C_1 e^{-(b+d)kt} \qquad (C_1 \text{ 为常数})$$

由 $P(0) = P_0$ 得

$$C_1 = P_0 - \frac{c - a}{b + d}$$

$$P(t) = \frac{c - a}{b + d} + \left(P_0 - \frac{c - a}{b + d}\right)e^{-(b+d)kt}$$

易知

$$\lim_{t \to +\infty} P(t) = \frac{c - a}{b + d} \tag{4.7.3}$$

而由供需平衡时(即 $S = D$)可解得 $P_e = \dfrac{c - a}{b + d}$,称 P_e 为该商品的均衡价格,故方程(4.7.3)表明实际价格 $P(t)$ 最终趋向均衡价格 P_e.

习题 4.7

1. 某林区有木材 10 万立方米，如果在每一瞬时木材的变化率与当时木材数成正比，设 10 年内这林区有木材 20 万立方米，求木材数 P 与时间 t 的关系 .

2. 某商品的净利润 L 与广告费 x 之间有如下关系：

$$\frac{dL}{dx} = k - a(L + x)$$

其中，a,k 均为常数，当 $x = 0$ 时，$L = L_0$. 求 L 与 x 的函数关系式 .

3. 某商品的需求量 Q 对价格 P 的弹性为 $P\ln 3$，已知商品的最大需求量为 1 200（即 $P = 0$ 时，$Q = 1\ 200$），求 Q 与 P 的关系 .

4. 设某商品的需求量 D 和供给量 S 各自对价格 p 的函数为

$$D(p) = \frac{q}{p^2}, S(p) = bp,$$

且 p 是时间 t 的函数并满足方程

$$\frac{dp}{dt} = k[D(p) - S(p)], (a,b,k \text{ 为正的常数}).$$

求

(1) 需求与供给量相等时的均衡价格；

(2) 当 $t = 0, p = 1$ 时的价格函数；

(3) $\lim\limits_{t \to +\infty} p(t)$.

总习题 4

1. 填空题

(1) 求微分方程 $y'' + 4y' + 3 = e^x + \sin x$ 的一个特解时，应设特解 $y^* =$ ______.

(2) 设连续函数 $f(x)$ 满足方程 $f(x) + 2\int_0^x f(x)\,dx = x^2$，则 $f(x)$ 满足的微分方程和初值条件分别为__________.

(3) 微分方程 $(y')^4 + x(y')^2 + y = 0$ 的通解中应含独立常数个数为____.

(4) 设 $y(x)$ 满足方程 $(x^2 - 1)dy + (2xy - \cos x)dx = 0$ 及 $y\big|_{x=0} = 1$，则：$\int_{-\frac{1}{2}}^{\frac{1}{2}} y(x)\,dx =$ ________.

(5) 已知微分方程的通解为 $y = C_1 e^x + C_2 x e^x$ 则该微分方程为________.

2. 选择题

(1) 微分方程 $y'' - y' + y = x^2$ 是(　　).

(A) 线性的　　(B) 齐次的　　(C) 二阶的　　(D) 常系数的

(2) 下列等式中是微分方程的有(　　).

(A) $\left(\frac{u}{v}\right)' + \frac{uv'}{v^2} = \frac{u'v}{v^2}$　　(B) $y' = x + \cos x$

(C) $\frac{dy}{dx} - \sin x = \frac{d(y + \cos x)}{dx}$　　(D) $y'' + 2y' + 2y = 0$

(3) 若连续函数 $f(x)$ 满足 $f(x) = \int_0^{3x} f\left(\frac{t}{3}\right)dt + x$,则 $f(x) = ($　　).

(A) Ce^{3x}　　(B) $e^x - \frac{1}{3}$

(C) $e^{3x} - \frac{1}{3}$　　(D) $\frac{1}{3}(e^{3x} - 1)$

(4) 设 $y = f(x)$ 是微分方程 $y'' - y' - e^{\sin x} = 0$ 的解,且 $f'(x_0) = 0$,则 $f(x)$ 在(　　).

(A) x_0 的某邻域内单增　　(B) x_0 的某邻域内单减

(C) x_0 处取得极小值　　(D) x_0 处取得极大值

(5) 微分方程 $y'' - y = e^x - 2$ 的一个特解形式应是(　　)(式中 a,b 为常数).

(A) $ae^x + b$　　(B) $ae^x + bx$　　(C) $axe^{-x} + b$　　(D) $axe^x + bx$

3. 求下列微分方程通解

(1) $xy' + y = 2\sqrt{xy}$;

(2) $xy'\ln x + y = ax(\ln x + 1)$;

(3) $\frac{dy}{dx} = \frac{y}{2(\ln y - x)}$;

(4) $y'' + 2y' + 5y = \sin 2x$.

4. 求下列微分方程满足所给初始条件的特解

(1) $y' + y\tan x = \cos^2 x \quad y\big|_{x=\frac{\pi}{4}} = 1/2$;

(2) $dx - \left(\frac{2}{y+1}x - (y+1)^2 e^y\right)dy = 0 \quad x\big|_{y=0} = 1$;

(3) $y'' - 5y' + 6y = 2e^x \quad y\big|_{x=0} = y'\big|_{x=0} = 1$.

5. 已知某设备的运行和维修成本 C 与大修间隔时间 t 满足如下关系:

$$\frac{dC}{dt} = \frac{b-1}{t}C - \frac{ab}{t^2},$$

其中 a,b 为常数,且 $a > 0, b < 1, C(t_0) = C_0 \quad (t_0 \geqslant 0)$ 求 $C(t)$.

6. 在某一人群中推广新技术是通过其中已掌握新技术的人进行的,设该人群总数为 N,在 $t = 0$ 时掌握新技术的人数为 x_0,在任意时刻 t 已掌握新技术的人数为 $x(t)$(视 $x(t)$ 为连续可微变量),其变化率与已掌握新技术人数和未掌握新技术人数之积成正比,比例常数 $k > 0$,求 $x(t)$.

5 差分方程

在对函数的研究中我们已经看到导数是研究函数的重要工具，有了导数作工具进而又可对许多实际问题建立微分方程求解．但是在许多实际问题如经济与管理的实际问题中，经济数据大多是以等间隔时间来统计的，如上市公司会按每季度、每年分别公布其收益的季报、年报．由于此时各相关经济变量的取值是离散变化的，要研究这些变量之间的关系，显然导数已不适用．但我们可用研究导数及微分方程的方法研究上述离散变量的关系，这就是差分方程理论．本章将介绍差分方程的基本概念、解法及其在经济中的简单应用．

5.1 差分的基本概念

5.1.1 差分的概念

5.1.1.1 差分的概念

在一元函数微分学中，对可导函数，我们用导数来研究函数的性质，但在许多实际问题中，我们只知函数在某些点的函数值，至于函数是否连续、可导都不知道，导数这个研究函数的有力工具已用不上．类似于导数的方法我们可以用函数的差商$\frac{\Delta y}{\Delta t}$来研究函数．

定义 5.1.1 设有函数 $y_t = f(t)$，当 t 取自然数 0,1,2…… 时，称

$$f(t+1) - f(t)$$

为函数 $y_t = f(t)$ 于时刻 t 的一阶差分，并记为 Δy_t，即

$$\Delta y_t = y_{t+1} - y_t = f(t+1) - f(t)$$

在实际问题中，通常 t 表时间．

差分具有和微分类似的四则运算法则：

(1) $\Delta(Cy_t) = C\Delta y_t$ （C 为任意常数）

(2) $\Delta(y_t + z_t) = \Delta y_t + \Delta z_t$

(3) $\Delta(y_t z_t) = y_{t+1}\Delta z_t + z_t \Delta y_t$

(4) $\Delta\left(\frac{y_t}{z_t}\right) = \frac{z_t \Delta y_t - y_t \Delta z_t}{z_t z_{t+1}} = \frac{z_{t+1}\Delta y_t - y_{t+1}\Delta z_t}{z_t z_{t+1}}$

这里对(3)的第一等式给出证明,其余等式类似可证.

证明 由定义5.1.1有

$$\begin{aligned}\Delta(y_t z_t) &= y_{t+1}z_{t+1} - y_t z_t \\ &= y_{t+1}z_{t+1} - y_{t+1}z_t + y_{t+1}z_t - y_t \cdot z_t \\ &= y_{t+1}(z_{t+1} - z_t) + z_t(y_{t+1} - y_t) \\ &= y_{t+1}\Delta z_t + z_t \Delta y_t\end{aligned}$$

得证.

例5.1.1 求 $y_t = a^t (a > 0, a \neq 1)$ 的差分 Δy_t.

解

$$\Delta y_t = y_{t+1} - y_t = a^{t+1} - a^t = (a-1)a^t$$

即 $\Delta y_t = (a-1)y_t$.

5.1.1.2 高阶差分

由于 y_t 的一阶差分 Δy_t 仍为 t 的函数,仍有差分,定义 $\Delta(\Delta y_t)$ 为 y_t 在时刻 t 的二阶差分,记为 $\Delta^2 y_t$,一般地,定义函数 $y_t = f(t)$ 在时刻 t 的 n 阶差分

$$\Delta^n y_t = \Delta(\Delta^{n-1} y_t).$$

二阶及二阶以上的差分称为高阶差分.

由以上定义有

$$\begin{aligned}\Delta^2 y_t &= \Delta y_{t+1} - \Delta y_t \\ &= y_{t+2} - y_{t+1} - (y_{t+1} - y_t) \\ &= y_{t+2} - 2y_{t+1} + y_t\end{aligned}$$

同理可将 $\Delta^n y_t$ 表为 $y_t, y_{t+1}, \cdots, y_{t+n}$ 的函数.

例5.1.2 设 $y_t = t^2 + 2t$,求 $\Delta y_t, \Delta^2 y_t$.

解

$$\Delta y_t = [(t+1)^2 + 2(t+1)] - [t^2 + 2t] = 2t + 3$$

$$\Delta^2 y_t = \Delta y_{t+1} - \Delta y_t = [2(t+1) + 3] - (2t+3) = 2.$$

5.1.2 差分方程的概念

5.1.2.1 差分方程

类似于微分方程,我们把含有未知函数差分的方程称为**差分方程**,其一般形式为

$$F(t, y_t, \Delta y_t, \Delta^2 y_t, \cdots, \Delta^n y_t) = 0$$

由于 $\Delta^n y_t$ 为 $y_t, y_{t+1}, \cdots, y_{t+n}$ 的函数,因此又可将差分方程表示为

$$F(t, y_t, y_{t+1}, y_{t+2}, \cdots, y_{t+n}) = 0, \text{其中 } n \text{ 为正整数}.$$

类似于微分方程阶的概念,在差分方程中,我们把未知函数的最大下标与最小下标之差称为差分方程的**阶**.

例如对差分方程$\Delta^2 y_t - 3\Delta y_t = 1$

由

$$\Delta y_t = y_{t+1} - y_t$$

$$\Delta^2 y_t = y_{t+2} - 2y_{t+1} + y_t$$

故原差分方程可化为

$$\Delta^2 y_t - 3\Delta y_t = y_{t+2} - 2y_{t+1} + y_t - 3y_{t+1} + 3y_t = 1$$

即

$$y_{t+2} - 5y_{t+1} + 4y_t = 1$$

为2阶差分方程.

又如差分方程

$$\Delta^2 y_t + \Delta y_t = y_{t+2} - y_{t+1} = 1$$

虽然差分方程含有二阶差分$\Delta^2 y_t$,但仍为一阶差分方程.

定义5.1.2 如果一个函数$y_t = \varphi(t)$满足差分方程($t = 0,1,2,\cdots\cdots$),则称y_t为差分方程的解.如果在n阶差分方程的解中含有n个独立的任意常数$C_1, C_2, \cdots\cdots C_n$,则称这个解为差分方程的通解.在通解中$C_1, C_2\cdots\cdots C_n$取特定值而得的解,称为该差分方程的特解.确定差分方程任意常数的条件称为初始条件.

5.1.2.2 常系数线性差分方程通解的结构

以下只以二阶常系数线性差分方程为例讨论.

二阶常系数线性差分方程的一般形式为

$$y_{t+2} + ay_{t+1} + by_t = f(t) \tag{5.1.1}$$

其中a,b为常数,且$b \neq 0$,$f(t)$为已知函数.当$f(t) = 0$时,方程(5.1.1)称为二阶**常系数齐次线性差分方程**;当$f(t)$不恒为零时,方程(5.1.1)称为二阶常**系数非齐次线性差分方程**.

在方程(5.1.1)中$f(t)$不恒为零时,称方程

$$y_{t+2} + ay_{t+1} + by_t = 0 \tag{5.1.2}$$

为方程(5.1.1)对应的齐次线性差分方程.

与微分方程类似,我们有如下关于差分方程解的结构定理.

定理5.1.1 若$y_i(t)(i = 1,2)$是差分方程(5.1.2)的解,则它们的线性组合$y = C_1y_1(t) + C_2y_2(t)$也为方程(5.1.2)的解,其中$C_1, C_2$为任意常数.

定理5.1.2 若$y_i(t)(i = 1,2,\cdots,n)$是方程(5.1.2)的二个线性无关的特解,则方程(5.1.2)的通解为$y(x) = C_1y_1(t) + C_2y_2(t)$.其中$C_1, C_2$为任意独立常数.

定理5.1.3 如果$y^*(t)$为差分方程(5.1.1)的一个特解,$Y(t)$为相应齐次差分方程的通解,则$y_t^* + Y(t)$为差分方程(5.1.1)的通解.

定理5.1.4 设$y_i^*(t)$为差分方程

$$y_{t+2} + ay_{t+1} + by_t = f_i(t)(i = 1,2)$$

的特解,则$y_1^*(t) + y_2^*(t)$为差分方程

$$y_{t+2}+ay_{t+1}+by_t=f_1(t)+f_2(t)$$

的一个特解.

以上定理均可与微分方程相应部分类似证明.

以上结果均可推广到 n 阶常系数线性差分方程.$(n=1,2\cdots\cdots)$

习题 5.1

1. 计算下列各题的差分.

(1)$y_t=\ln t$; (2)$y_t=c$;

(3)$y_t=e^t$; (4)$y_t=t^2$.

2. 求下列函数的二阶差分.

(1)$y_t=t^3+3$; (2)$y_t=\ln(t+1)$;

(3)$y_t=e^{2t}$.

3. 确定下列差分方程的阶数.

(1)$y_{t+1}-y_t=\cos^2 t$; (2)$y_{t+3}-y_{t+1}=t$;

(3)$y_{t+5}-y_{t+3}+y_t=1$; (4)$y_{t+3}-y_{t+2}=y_{t+1}$.

4. 验证:$y_1=2^t$ 和 $y_2=3^t$ 是差分方程 $y_{t+2}-5y_{t+1}+6y_t=0$ 的两个线性无关的解,并求该差分方程通解.

5. 求证:$y_t=C_13^t+C_2(-2)^t$ 是差分方程 $y_{t+2}-y_{t+1}-6y_t=0$ 的通解,并求满足 $y_0=0,y_1=1$ 的特解,其中 C_1,C_2 为任意常数.

5.2 一阶常系数线性差分方程

一阶常系数线性差分方程的一般形式为

$$y_{t+1}-ay_t=f(t) \tag{5.2.1}$$

其中 $a\neq0$ 为常数,对应的一阶常系数齐次线性差分方程为

$$y_{t+1}-ay_t=0.\ (a\neq0) \tag{5.2.2}$$

5.2.1 一阶常系数齐次线性差分方程的通解

由差分方程解的结构定理,方程(5.2.1)的通解由它的一个特解加上它对应的齐次方程(5.2.2)的通解构成,因此我们首先研究一阶常系数齐次方程(5.2.2)的通解.

方程(5.2.2)的通解有如下两种常见解法

5.2.1.1 迭代法

将方程(5.2.2)改写为

$y_{t+1}=ay_t\qquad(t=0,1,2,\cdots)$ 令 t 取 $0,1,2,\cdots$,

连续迭代显然有 $y_t = a^t y_0$

故方程(5.2.2) 通解为

$$y_t = Ca^t \qquad (C\text{ 为任意常数})$$

5.2.1.2　特征根法

方程(5.2.2) 等价于 $\Delta y_t = (a-1)y_t$

又由例5.1.1知,指数函数 $y = a^t$ 其差分 $\Delta y_t = (a-1)y_t$,故知方程(5.2.2)的解应为某指数函数,

设

$$y_t = \lambda^t \quad (\lambda \neq 0)$$

为所求函数,代入方程(5.2.2) 得

$$\lambda^{t+1} - a\lambda^t = 0 \text{ 即 } \lambda - a = 0 \quad \lambda = a$$

由定理5.1.2 知 $y_t = Ca^t$(C 为任意常数) 为方程(5.2.2) 的通解.

称方程 $\lambda - a = 0$ 为差分方程(5.2.2) 的**特征方程**,而 $\lambda = a$ 称为**特征根**.

例 5.2.1　求差分方程 $3y_{t+1} - 2y_t = 0$ 的通解及满足 $y_0 = 2$ 的特解.

解　特征方程为 $3\lambda - 2 = 0$　特征根为 $\lambda = \frac{2}{3}$

故原方程通解为

$$y_t = C\left(\frac{2}{3}\right)^t \quad (C\text{ 为任意常数})$$

由 $y_0 = 2$ 有 $C = 2$

故所求特解为

$$y_t = 2 \cdot \left(\frac{2}{3}\right)^t$$

5.2.2　一阶常系数线性非齐次差分方程的特解与通解

由差分方程解的结构可知,求方程(5.2.1) 的通解需求其一个特解与对应齐次方程(5.2.2) 的通解,而齐次方程(5.2.2) 通解求法已作介绍,故下面我们介绍方程(5.2.2) 的特解的求法,与微分方程讨论类似,我们研究当方程(5.2.1) 右端为某些特殊函数时方程特解的求法. 特解的形式应与方程(5.2.1) 右端函数 $f(t)$ 形式相同.

1. $f(x) = P_n(t)$

其中 $P_n(t)$ 为 n 次多项式,此时方程(5.2.1) 为

$$y_{t+1} - ay_t = P_n(t) \qquad (a \neq 0) \tag{5.2.3}$$

设方程的特解 y^* 为某一 m 次多项式,分别有以下两种情况:

(1) 当 $a \neq 1$ 时,代 y^* 入方程(5.2.3),此时方程左端为 m 次多项式,对比方程两端次数知:$m = n$, 即知应设特解 y^* 为 n 次多项式, 将 y^* 代入方程

(5.2.3) 可用待定系数法求出 y^*.

(2) 当 $a=1$ 时,由(1) 知应设 y^* 为 $n+1$ 次多项式,故可设 $y^*=tQ_n(t)$,其中 $Q_n(t)$ 为 n 次多项式,将 y^* 代入方程(5.2.3) 可用待定系数法求出 y^*.

例 5.2.2 求差分方程 $2y_{t+1}-y_t=2+t$ 的一个特解.

解 原方程化为

$$y_{t+1}-\frac{1}{2}y_t=1+\frac{t}{2}$$

此时 $a=\frac{1}{2}\neq 1$,可设原方程有形如 $y_t^*=A_0+A_1t$ 的特解,代入原方程对比两端的系数有

$$\begin{cases}A_1=1\\A_0+2A_1=2\end{cases}$$

即

$$\begin{cases}A_1=1\\A_0=0\end{cases}$$

故所求的一个特解为 $y_t^*=t$.

例 5.2.3 求差分方程 $y_{t+1}-y_t-10=0$ 的通解.

解 易知原方程对应的齐次方程的通解为

$$y_t=C \qquad (C\text{ 为任意常数})$$

又因原方程中 $a=1$,故设 $y^*=At$ 为原方程一个特解,将 y^* 代入原方程得

$$A=10,$$

所求特解为

$$y^*=10t$$

故原方程通解为

$$y_t=10t+C$$

2. $f(x)=c^tP_n(t)$

其中 c 为常数,$c\neq 1$ 且 $c\neq 0$,$P_n(t)$ 为 t 的 n 次多项式. 此时,方程(5.2.1)为

$$y_{t+1}-ay_t=c^tP_n(t) \tag{5.2.4}$$

为把上式转换为类型 1 求解,可做如下变形

$$y_{t+1}\cdot c^{-(t+1)}-\frac{a}{c}y_tc^{-t}=\frac{1}{c}P_n(t)$$

令

$$z_t=y_tc^{-t}$$

则方程(5.2.4) 化为

$$z_{t+1}-\frac{a}{c}z_t=\frac{1}{c}P_n(t)$$

此为类型 1 的方程,求出其一个特解即可求出原方程一个特解

例 5.2.4 求差分方程 $y_{t+1}-y_t=t\cdot 2^t$ 的一个特解.

解 令 $z_t=2^{-t}y_t$ 则原方程化为

$$2z_{t+1}-z_t=t$$

易求得其一个特解为 $z^*=t-2$,故原方程一个特解为

$$y^*=2^t(t-2)$$

3. $f(t)=b_1\cos\omega t+b_2\sin\omega t$ 型

此时可首先设原方程一个特解为

$$y^*=B_1\cos\omega t+B_2\sin\omega t$$

代入方程比较同类项系数求 B_1,B_2,若此法不成功,则假设

$$y^*=t(B_1\cos\omega t+B_2\sin\omega t)$$

代入原方程比较同类项系数求 B_1,B_2.

例 5.2.5 求差分方程 $y_{t+1}+4y_t=3\cos\pi t$ 的通解.

解 易知原方程对应的齐次方程通解为

$$Y_t=C(-4)^t \qquad (C\text{ 为任意常数})$$

设原方程有特解

$$y_t^*=A\sin\pi t+B\cos\pi t$$

代入原方程得:

$$\begin{aligned}\text{原方程左端}&=A\sin\pi(t+1)+B\cos\pi(t+1)+4(A\sin\pi t+B\cos\pi t)\\&=3A\sin\pi t+3B\cos\pi t\end{aligned}$$

对比系数得

$$A=0,B=1$$

$$y_t^*=\cos\pi t$$

原方程通解为

$$y_t=C(-4)^t+\cos\pi t$$

经济应用中的 $f(t)$ 类型常为上述类型及它们的线性组合,对线性组合的情形,可设特解为同类型的线性组合,再代特解于原方程求组合系数,

例如,对函数

$$f(t)=t-e^t-2\cos t$$

可设特解为

$$y^*=Ae^t+B_0+B_1t+C_0\cos t+C_1\sin t$$

其中 A,B_0,B_1,C_0,C_1 为待定常数.

习题 5.2

1. 求下列差分方程通解.

(1) $3y_{t+1}-2y_t=0$;　　(2) $y_{t+1}-5y_t=3$;

(3) $2y_{t+1}+y_t=3+t$;　　(4) $y_{t+1}-2y_t=t\cdot 2^t$;

(5) $y_{t+1}-y_t=2^t$;　　(6) $y_{t+1}-5y_t=\cos\frac{\pi}{2}t$.

2. 求下列一阶差分方程的特解

(1) $3y_{t+1}-2y_t=0,y_0=1$;　　(2) $y_{t+1}+y_t=2^t,y_0=2$;

(3) $2y_{t+1}-y_t=2+t,y_0=4$;　　(4) $y_{t+1}+4y_t=3\cos\pi t,y_0=\frac{1}{2}$.

3. 设 a,b 为非零常数,且 $1+a\neq 0$,求证:通过变换 $u_t=y_t-\frac{b}{1+a}$,可将非齐次方程 $y_{t+1}+ay_t=b$ 变换为 u_t 的齐次方程,并由此求出 y_t 的通解.

5.3　二阶常系数线性差分方程

二阶常系数线性差分方程的一般形式为:

$$y_{t+2}+ay_{t+1}+by_t=f(t) \tag{5.3.1}$$

其中 a,b 为常数,且 $b\neq 0$,$f(t)$ 为 t 的已知函数. 方程(5.3.1)对应的齐次方程为

$$y_{t+2}+ay_{t+1}+by_t=0 \quad (b\neq 0) \tag{5.3.2}$$

和求解二阶常系数微分方程类似,为求差分方程(5.3.1)的通解,首先求其对应齐次方程(5.3.2)的通解.

5.3.1　二阶常系数齐次线性差分方程的通解

由定理5.1.2知,欲求方程(5.3.2)的通解,只需求其两个线性无关特解,与微分方程的讨论类似,由指数函数的各阶差分只相差一个常数因子的特点,我们可设其特解为 $y^*=\lambda^t$,其中 λ 为待定常数,将 y^* 代入方程(5.3.2)可得:

$$\lambda^t(\lambda^2+a\lambda+b)=0$$

$$\lambda^2+a\lambda+b=0 \tag{5.3.3}$$

称上述方程(5.3.3)为方程(5.3.2)的**特征方程**,其根称为方程(5.3.2)的**特征根**,故当 λ 为方程(5.3.2)的特征根时,$y=\lambda^t$ 为其特解,现根据特征根的求解情况分别作如下讨论:

(1) 若特征方程(5.3.3)有两个不同实根 $\lambda_1\neq\lambda_2$,则

$$y_1=\lambda_1^t,y_2=\lambda_2^t$$

为方程(5.3.2)解，且$\frac{y_1}{y_2}=\left(\frac{\lambda_1}{\lambda_2}\right)^t$不为常数，$y_1,y_2$线性无关，故方程(5.3.2)通解为

$$y=C_1\lambda_1^t+C_2\lambda_2^t \qquad (C_1,C_2\text{为任意常数})$$

(2)若特征方程(5.3.3)有两个相等实根$\lambda_1=\lambda_2$，此时可得方程(5.3.2)一个特解$y_t^{(1)}=\lambda^t$，与微分方程讨论类似．易验证$y_t^{(2)}=t\lambda^t$也为方程(5.3.2)一个特解，从而方程(5.3.2)通解为

$$y=(C_1+C_2t)\lambda^t \quad (C_1,C_2\text{为任意常数})$$

(3)若特征方程(5.3.3)有一对共根复根

$$\lambda_1=\alpha+i\beta,\lambda_2=\alpha-i\beta,(\beta>0)$$

易验证

$$y_t^{(1)}=r^t\cos\theta t \quad y_t^{(2)}=r^t\sin\theta t$$

为方程(5.3.2)的两个线性无关解

其中$r=\sqrt{\alpha^2+\beta^2}$；$\alpha\neq0$时，$\theta=Arctan\frac{\beta}{\alpha}\quad(0<\theta<\pi)$；$\alpha=0$时，$\theta=\frac{\pi}{2}$.

此时方程(5.3.2)通解为

$$y_t=C_1r^t\cos\theta t+C_2r^t\sin\theta t. \qquad (C_1,C_2\text{为任意常数})$$

例5.3.1 求差分方程$y_{t+2}+2y_{t+1}-3y_t=0$的通解．

解 特征方程为

$$\lambda^2+2\lambda-3=0$$

其特征根为

$$\lambda_1=-3,\lambda_2=1$$

故所求方程通解为

$$y_t=C_1(-3)^t+C_2$$

例5.3.2 求差分方程$y_{t+2}-6y_{t+1}+9y_t=0$的通解．

解 特征方程为

$$\lambda^2-6\lambda+9=0$$

其特征根为重根

$$\lambda=3$$

原方程通解为

$$y_t=(C_1+C_2t)3^t$$

例5.3.3 求差分方程：$y_{t+2}-2y_{t+1}+2y_t=0$的通解．

解 特征方程为$\lambda^2-2\lambda+2=0$

其特征根为一对共轭复根

$$\lambda_1=1+i,\lambda_2=1-i$$

得

$$r = \sqrt{1^2 + 1^2} = \sqrt{2} \quad \theta = \arctan\frac{1}{1} = \frac{\pi}{4}$$

故原方程通解为

$$y_t = (\sqrt{2})^t\left(C_1\cos\frac{\pi}{4}t + C_2\sin\frac{\pi}{4}t\right).$$

5.3.2 二阶常系数非齐次线性差分方程的通解

由定理5.1.3知,求出方程(5.3.1)对应的齐次方程(5.3.2)通解后,只需再求方程(5.3.1)一个特解即可求出其通解.

下面对方程(5.3.1)右端为几种特殊函数时讨论其特解的求法.特解的形式应与方程(5.3.1)右端函数$f(t)$形式相同.

(1) 若$f(t) = P_n(t)$为n次多项式

此时方程(5.3.1)为

$$y_{t+2} + ay_{t+1} + by_t = P_n(t) \quad (b \neq 0) \tag{5.3.4}$$

与微分方程讨论类似,可设方程(5.3.4)有特解

$$y^* = t^k Q_n(t),$$

$Q_n(t)$为与$P_n(t)$同次多项式,其中

$$k = \begin{cases} 0, & 1\text{不是特征根} \\ 1, & 1\text{为单根} \\ 2, & 1\text{为重根} \end{cases}$$

例5.3.4 求差分方程$y_{t+2} + y_t = t + 1$的通解.

解 相应齐次方程的特征方程为

$$\lambda^2 + 1 = 0$$

特征根为

$$\lambda = \pm i$$

故齐次方程通解为

$$Y_t = C_1\cos\frac{\pi}{2}t + C_2\sin\frac{\pi}{2}t$$

由1不是特征根,且$f(t) = t + 1$,故设特解

$$y^* = A_0 + A_1 t,$$

代入原方程得

$$2A_1 t + 2A_0 + 2A_1 = t + 1,$$

对比系数得

$$\begin{cases} 2A_1 = 1 \\ 2A_0 + 2A_1 = 1 \end{cases}$$

从而$A_0 = 0, A_1 = \frac{1}{2}$

得特解

$$y^{*} = \frac{1}{2}t$$

原方程通解为

$$y_t = Y_t + y^{*} = \frac{1}{2}t + C_1\cos\frac{\pi}{2}t + C_2\sin\frac{\pi}{2}t$$

例 5.3.5 求差分方程 $y_{t+2} + 3y_{t+1} - 4y_t = 10t$ 的通解.

解 相应齐次方程的特征方程为

$$\lambda^2 + 3\lambda - 4 = 0,$$

特征根为

$$\lambda_1 = 1 \quad \lambda_2 = -4$$

齐次方程通解为

$$Y_t = C_1 + C_2(-4)^t$$

因为 1 是特征方程的单根,故设原方程特解为

$$y_t^{*} = t(A_0t + A_1)$$

代入原方程有

$$10A_0t + 7A_0 + 5A_1 = 10t$$

对比系数有

$$\begin{cases} 10A_0 = 10 \\ 7A_0 + 5A_1 = 0 \end{cases}$$

解得

$$A_0 = 1 \qquad A_1 = -\frac{7}{5}$$

从而

$$y_t^{*} = t\left(t - \frac{7}{5}\right)$$

故原方程通解为

$$y_t = Y_t + y_t^{*} = C_1 + C_2(-4)^t + t^2 - \frac{7}{5}t$$

(2)$f(t) = c^tP_n(t)$ 型

其中 c 为常数,$c \neq 0$;$c \neq 1$,$P_n(t)$ 为 n 次多项式.

此时方程(5.3.1) 为

$$y_{t+2} + ay_{t+1} + by_t = c^tP_n(t),(b \neq 0), \tag{5.3.5}$$

与一阶线性差分方程类似,令 $z_t = c^{-t}y_t$ 可把方程(5.3.5) 化为类型 1

$$z_{t+2} + \frac{a}{c}z_{t+1} + \frac{b}{c^2}z_t = \frac{1}{c^2}P_n(t) \tag{5.3.6}$$

再按类型 1 的方法求出方程(5.3.6) 的一个特解 z_t^{*},从而得方程(5.3.5)

特解

$$y_t^* = c^t z_t^*.$$

例 5.3.6 求差方程：$y_{t+2} - 3y_{t+1} - 10y_t = 5^t$ 的一个特解.

解 令 $z_t = 5^{-t}y_t$，则原方程化为

$$z_{t+2} - \frac{3}{5}z_{t+1} - \frac{2}{5}z_t = \frac{1}{25} \tag{5.3.7}$$

对应齐次方程的特征方程为

$$f(\lambda) = \lambda^2 - \frac{3}{5}\lambda - \frac{2}{5} = 0 \tag{5.3.8}$$

由 $f(1) = 0, f'(1) \neq 0$ 知 1 为特征方程(5.4.8)的单根，故设

$$z_t^* = A_t$$

为方程(5.3.7)的一个特解，代入方程(5.3.7)可求得

$$A = \frac{1}{35}$$

从而

$$z_t^* = \frac{t}{35}$$

故

$$y_t^* = \frac{t}{35} \cdot 5^t$$

为原方程的一个特解.

习题 5.3

1. 求下列差分方程的通解.

(1) $y_{t+2} - 7y_{t+1} + 10y_t = 0$;
(2) $y_{t+2} - 4y_{t+1} + 4y_t = 0$;
(3) $y_{t+2} + 2y_{t+1} + 3y_t = 0$;
(4) $y_{t+2} + 3y_{t+1} + y_t = 20 + 4t + 6t^2$;
(5) $y_{t+2} + 5y_{t+1} + 4y_t = t$;
(6) $y_{t+2} + 3y_{t+1} - 4y_t = 3t$;
(7) $y_{t+2} - 2y_{t+1} + y_t = 8$;
(8) $y_{t+2} - y_{t+1} - 6y_t = 3^t(2t + 1)$.

2. 求下列差分方程特解.

(1) $y_{t+2} + y_t = 0,\ y_0 = 1, y_1 = 1$;
(2) $y_{t+2} + y_{t+1} - 12y_t = 0,\ y_0 = 1, y_1 = 10$;
(3) $y_{t+2} - 4y_{t+1} + 4y_t = t,\ y_0 = 0, y_1 = 1$.

5.4　差分方程在经济学中的应用

差分方程在经济学中有广泛应用,当讨论的经济变量取值随时间离散变化时,许多经济中的数学模型可归结为差分方程,下面介绍差分方程在经济学中的一些简单应用.

5.4.1　卡恩(Kahn)模型

设 Y_t 为 t 期国民收入,收入的一部分用于消费,其余用于投资. C_t 为 t 期消费,I 为投资(各期相同),卡恩曾提出如下宏观经济模型:

$$\begin{cases} Y_t = C_t + I \\ C_t = \alpha Y_{t-1} + \beta \end{cases}$$

其中 $0 < \alpha < 1, \beta > 0$

消去 C_t,得

$$Y_t = \alpha Y_{t-1} + I + \beta$$

这是一个一阶线性差分方程,易求得其通解为

$$Y_t = C\alpha^t + Y_e$$

其中 $Y_e = \dfrac{I + \beta}{1 - \alpha}$ 称为均衡国民收入.

又令 $t = 0$,可得

$$C = Y_0 - Y_e$$

从而得到 Y_t, C_t 和 t 的如下关系

$$Y_t = (Y_0 - Y_e)\alpha^t + Y_e,$$

$$C_t = \alpha[(Y_0 - Y_e)\alpha^{t-1} + Y_e] + \beta = (Y_0 - Y_e)\alpha^t + \frac{\alpha I + \beta}{1 - \alpha}$$

5.4.2　市场经济中的蛛网模型

某些商品 t 期的需求量 Y_t 与供给量 X_t 常可视为价格 P_t 的线性函数,设供需平衡,因供给量受前期价格影响,故有

$$\begin{cases} X_t = Y_t \\ Y_t = \alpha + aP_t \\ X_t = \beta + bP_{t-1} \end{cases}$$

其中 α, β, a, b 为常数,且 $a < 0, b > 0$,称上述模型为蛛网模型. 将该模型化为一阶线性差分方程得

$$P_t - \frac{b}{a}P_{t-1} = \frac{\beta - \alpha}{a}$$

易求得其通解为

$$P_t = C\left(\frac{b}{a}\right)^t + \frac{\beta - \alpha}{a - b} \qquad (C \text{ 为常数})$$

令 $t = 0$ 得

$$C = P_0 - \frac{\beta - \alpha}{a - b} \qquad (P_0 \text{ 为初始价格})$$

故得 t 期价格 P_t 和时间 t 的如下关系

$$P_t = \left(P_0 - \frac{\beta - \alpha}{a - b}\right)\left(\frac{b}{a}\right)^t + \frac{\beta - \alpha}{a - b}$$

5.4.3 梅茨勒(Metzler)库存模型

设 Y_t 为 t 期总收入,U_t 为 t 期销售收入,S_t 为 t 期库存量,梅茨勒曾提出如下库存模型

$$\begin{cases} Y_t = U_t + S_t + V_0 \\ U_t = \beta Y_{t-1} \\ S_t = \beta(Y_{t-1} - Y_{t-2}) \end{cases}$$

其中 V_0、β 为常数,且 $0 < \beta < 1$

消去模型中 U_t、S_t,可得二阶线性差分方程

$$Y_t - 2\beta Y_{t-1} + \beta Y_{t-2} = V_0 \tag{5.4.1}$$

对应齐次方程特征根为一对共轭复根

$$\lambda_1 = \beta + \sqrt{\beta(1 - \beta)}\, i$$

$$\lambda_2 = \beta - \sqrt{\beta(1 - \beta)}\, i$$

设 λ_1 的幅角为 ω,且 $\omega \in (0, \pi)$,则该齐次方程通解为

$$Y_t = (\sqrt{\beta})^t (C_1 \cos\omega t + C_2 \sin\omega t)$$

又易求得原方程(5.4.1)有特解

$$Y_t^* = \frac{V_0}{1 - \beta}$$

故其通解为

$$Y_t = (\sqrt{\beta})^t (C_1 \cos\omega t + C_2 \sin\omega t) + \frac{V_0}{1 - \beta} \tag{5.4.2}$$

在方程(5.4.2)中令 $t = 0, 1$,可得

$$C_1 = Y_0 - \frac{V_0}{1 - \beta}, C_2 = \frac{Y_1 - \sqrt{\beta} Y_0 - V_0}{\sqrt{\beta(1 - \beta)}}$$

代入式(5.4.2)可得 Y_t 和 t 的如下关系

$$Y_t = (\sqrt{\beta})^t \left[\left(Y_0 - \frac{V_0}{1 - \beta}\right)\cos\omega t + \frac{Y_1 - \sqrt{\beta} Y_0 - V_0}{\sqrt{\beta(1 - \beta)}} \sin\omega t\right] + \frac{V_0}{1 - \beta}$$

由模型知 U_t，S_t 可由 Y_{t-1}，Y_{t-2} 表示，代入上述结果易求出 U_t，S_t 和 t 的关系.

5.4.4 借贷问题

假设 X_0 是借贷，在每个固定的时间段(例如每年)的末尾需要偿还固定金额数为 R，X_{t+1} 是第 $t+1$ 年开始时欠款的总数，它等于 X_t 加上利息减去偿还金额 R，即：

$$X_{t+1} = (1+r)X_t - R$$

这是一个一阶线性常系数差分方程，解这个差分方程可以帮助我们在投资时做出决策.

下面举例说明.

某售房广告称"首付 7 万元人民币，其余由银行贷款，分 5 年还清，每月还款 1 200 元，就可购买住房". 暂且不提该房的位置、环境、房型等未知因素，根据这则广告提供的有限信息，这样的住房到底价值多少？如果知道房价，那么，就可以做出决策：究竟是一次性付款还是分期付款更适合于购房者的具体情况.

假设向银行贷款 X_0 元，贷款通常按复利计算，记月利率为 r，每月还贷额为 R，贷款期为 N，则

$$X_{t+1} = (1+r)X_t - R$$

解此一阶线性常系数差分方程得

$$X_t = \left(X_0 - \frac{R}{r}\right)(1+r)^t + \frac{R}{r}$$

现已知贷款 5 年还清，即 $N = 5$ 年 $= 60$ 个月，每月还贷额 $R = 1\,200$ 元，60 个月后还清贷款，此时

$$X_{60} = 0 = \left(X_0 - \frac{1\,200}{r}\right)(1+r)^{60} + \frac{1\,200}{r}$$

上式中月利率未知，为计算方便，不妨设 $r = 0.01$，这样可求得银行贷款额

$$X_0 \approx 53\,946 \text{ 元}$$

则该广告所称的住房价值为 $70\,000 + 53\,946 = 123\,946$ 元. 如果房产商给出一次性付款的房价高于 123 946 元的话，就应采用银行贷款的方式购买.

总习题 5

1. 填空题

(1) 已知 $y_t = C \cdot 2^t - 1$ 是差分方程的通解，则该差分方程为________.

(2) 设差分方程 $y_{t+1} + 2y_t = 1$，满足 $y_0 = \frac{4}{3}$ 则 $y_{10} =$ ________.

(3) 差分方程 $\Delta^2 y_t + \Delta y_t = 0$ 为________阶差分方程.

(4) 求差分方程 $y_{t+1}-2y_t=t+\cos t$ 的特解时应设特解函数为________.

2. 选择题

(1) 下列等式中不是差分方程的是(　　)

(A) $2\Delta y_t-y_t=2$　　(B) $3\Delta y_t+3y_t=t$

(C) $\Delta^2 y_t=0$　　(D) $y_t+y_{t-2}=t$

(2) 下列差分方程中,不是二阶差分方程的是(　　)

(A) $y_t+2y_{t-2}=0$　　(B) $\Delta^3 y_t+y_t=-3e^t$

(C) $\Delta^2 y_t+\Delta y_t=0$　　(D) $\Delta^2 y_t-\Delta y_t=t$

(3) 差分方程 $y_t-3y_{t-1}-4y_{t-2}=0$ 的通解是(　　)

(A) $y_t=a\cdot 4^t$　　(B) $y_t=b(-1)^t$

(C) $y_t=(-1)^t+b4^t$　　(D) $y_t=(-1)^t a+b4^t$

(4) 函数 $y_t=a2^t+8$ 是差分方程(　　)的通解.

(A) $y_{t+2}-3y_{t+1}+2y_t=0$　　(B) $y_t-3y_{t-1}+2y_{t-2}=0$

(C) $y_{t+1}-2y_t=-8$　　(D) $y_{t+1}-2y_t=8$

3. 求下列差分方程的通解

(1) $y_{t+1}-3y_t=2-t$

(2) $y_{t+1}-y_t=-1$

(3) $y_{t+2}-2y_{t+1}+4y_t=a+bt$, a,b 为常数

(4) $y_{t+2}-3y_{t+1}+2y_t=3\times 5^t$

4. 求下列差分方程的通解或在给定初始条件下的特解

(1) $y_{t+1}+5y_t=t\qquad y_0=3$

(2) $y_{t+2}-4y_{t+1}+4y_t=5+t+25\sin\dfrac{\pi}{2}t$

(3) $y_{t+2}+y_t=t+1\qquad y_0=1, y_1=1$

5. 设 Y_t 为 t 期国民收入, S_t 为 t 期储蓄, I_t 为 t 期投资,三者之间有如下关系:

$$\begin{cases} S_t=2Y_t+\beta & 0<\alpha<1,\beta\geqslant 0 \\ I_t=r(Y_t-Y_{t-1}) & r>0 \\ S_t=\delta I_t & \delta>0 \end{cases}$$

求 Y_t, S_t, I_t.

习题参考答案

习题 1.1

1. A 点在第 Ⅳ 卦限；B 点在第 Ⅴ 卦限；C 点在第 Ⅷ 卦限；D 点在第 Ⅲ 卦限.

2. (1) 点(a,b,c)关于 xOy 面的对称点是$(a,b,-c)$；关于 yOz 面的对称点是$(-a,b,c)$；关于 xOz 面的对称点是$(a,-b,c)$；

(2) 点(a,b,c)关于 x 轴的对称点是$(a,-b,-c)$；关于 y 轴的对称点是$(-a,b,-c)$；关于 z 轴的对称点是$(-a,-b,c)$；

(3) 点(a,b,c)关于坐标原点的对称点是$(-a,-b,-c)$.

3. 所求点为$(0,1,-2)$.

4. (1)$y^2+z^2=5x$；(2)$x^2+y^2+z^2=9$；

(3)$4x^2-9y^2-9z^2=36$；(4)$4x^2+4z^2-9y^2=36$.

5. (1) 在平面中表示平行于 y 轴的一条直线，在空间中表示与 yOz 坐标面平行的平面；(2) 在平面中表示斜率为 1，在 y 轴上的截距为 1 的一条直线，在空间中表示与 z 轴平行的平面；(3) 在平面中表示圆心在原点，半径为 2 的圆，在空间解析几何中表示母线平行于 z 轴，半径为 2 的圆柱面；(4) 在平面中表示长，短半轴都为 1 的双曲线，在空间中表示母线平行于 z 轴的双曲柱面.

6. 略.

习题 1.2

1. (1)$D=\{(x,y)\mid y^2-2x+1>0\}$；

(2)$D=\{(x,y)\mid x+y>0 \text{且} x-y>0\}$；

(3)$D=\{(x,y)\mid y^2\leqslant 4x, 0<x^2+y^2<1\}$；

(4)$D=\{(x,y)\mid x\geqslant 0, y\geqslant 0, x^2\geqslant y\}$.

2. $(x+y)^{xy}+(xy)^{2x}$.

3. $\dfrac{x^3}{y^3}-\dfrac{2x\sqrt{xy}}{y}+3xy$.

4. $\dfrac{x^2}{(xy)^{\frac{2}{3}}}+(xy)^{\frac{2}{3}}$

5. 两种解法都是错的.

6. (1) 提示:考虑点(x,y)分别沿直线$y=2x$和$x=2y$趋向$(0,0)$点的情况;

(2) 提示:考虑点(x,y)分别沿直线$y=kx(k\neq 1)$和曲线$y=x^2+x$趋向$(0,0)$点的情况.

7. (1)6; (2)ln2; (3)2; (4)0.

8. 略.

9. (1)$(0,0)$; (2)$\{(x,y)\mid x+y=0\}$; (3) 坐标轴上的一切点;

(4)$\{(x,y)\mid x=n\pi,y\in R\}\cup\{(x,y)\mid y=n\pi,x\in R\}(n\in Z)$.

习题1.3

1. (1)$y^2-2xy,2xy-x^2$;

(2) $\dfrac{y}{\sqrt{1-x^2y^2}}+y\sin(2xy),\dfrac{x}{\sqrt{1-x^2y^2}}+x\sin(2xy)$;

(3) $\dfrac{1}{2x\sqrt{\ln xy}},\dfrac{1}{2y\sqrt{\ln xy}}$;

(4)$y^2(1+xy)^{y-1},(1+xy)^y\left[\ln(1+xy)+\dfrac{xy}{1+xy}\right]$;

(5)$e^{xy}[\cos(x+y)+y\sin(x+y)],\dfrac{\partial z}{\partial y}=e^{xy}[\cos(x+y)+x\sin(x+y)]$.

2. 1.

3. $\dfrac{1}{2}$.

4. 1.

5. 略.

6. 0,0,2,2,0,0.

7. $0,-\dfrac{1}{y^2}$.

8. (1)$\left(y+\dfrac{1}{y}\right)dx+\left(x-\dfrac{x}{y^2}\right)dy$;

(2) $-\dfrac{2ydx}{(x-y)^2}+\dfrac{2xdy}{(x-y)^2}$;

(3) $\dfrac{ydx}{1+x^2y^2}+\dfrac{xdy}{1+x^2y^2}$;

(4)$yzx^{yz-1}dx+zx^{yz}\ln x dy+yx^{yz}\ln x dz$.

9. $\dfrac{1}{3}dx+\dfrac{2}{3}dy$.

10. $-0.05m$, $-0.2m^2$.

11. (1)2.95;(2)1.07.

习题 1.4

1. (1) $\dfrac{(x+1)e^x}{1+x^2e^{2x}}$; (2) $e^{\sin t-2t^3}(\cos t-6t^2)$; (3) $e^{ax}\sin x$.

2. $\dfrac{2x}{y^2}\cdot\ln(x^2+y^2)+\dfrac{2x^3}{y^2(x^2+y^2)}$, $-\dfrac{2x^2}{y^3}\cdot\ln(x^2+y^2)+\dfrac{2x^2}{y(x^2+y^2)}$.

3. (1) $2xf'$, $2yf'$, $2zf'$; (2) $f_1+yf_2+yzf_3$, xf_2+xzf_3, xyf_3.

4. $-\dfrac{2y^3}{x^2}f''$.

5. 略.

6. $f_1+xy\cdot f_{11}-\dfrac{1}{y^2}\cdot f_2-\dfrac{x}{y^3}\cdot f_{22}-\dfrac{y}{x^3}\cdot\varphi''-\dfrac{1}{x^2}\cdot\varphi'$

7. $\dfrac{y^2-e^x}{\cos y-2xy}$.

8. (1) $\dfrac{yz}{e^z-xy}$, $\dfrac{xz}{e^z-xy}$; (2) $\dfrac{z}{x+z}$, $\dfrac{z^2}{y(x+z)}$.

9. 略.

10. $\dfrac{z(z^4-2xyz^2-x^2y^2)}{(z^2-xy)^3}$

11. 略.

习题 1.5

1. (1) 无极值; (2) 极大值为 $f(2,-2)=8$;
   (3) 极小值为 $z(0,1)=0$; (4) 极小值 $z(1,1)=-1$.

2. 极小值 $\dfrac{a^2b^2}{a^2+b^2}$.

3. $\dfrac{|Ax_0+By_0+Cz_0+D|}{\sqrt{A^2+B^2+C^2}}$.

4. 最大值为 $\dfrac{3\sqrt{3}}{2}$,最小值为 0.

5. $\sqrt{\dfrac{A}{3\pi}}$, $\dfrac{2}{\sqrt{3}}\cdot\dfrac{\sqrt{A\pi}}{2+\pi}$.

习题1.7

1. (1) $25L^{-\frac{3}{4}}K^{\frac{2}{3}},\frac{200}{3}L^{\frac{1}{4}}K^{-\frac{1}{3}};\frac{1}{4},\frac{2}{3}$; (2) $4\sqrt[3]{4},4\sqrt[3]{4}$;0.33,0.67.

2. 当两个工厂的产量分别为6与2单位时,利润最大,此时产品的价格56单位.

3. (1)10,7; -1.25, -1.4; (2)8.

4. 两个市场的售价分别为80和120时,可获最大利润,最大利润 $L(80,120)=605$.

5. (1) 电台广告费$\frac{3}{4}$(万元)、报刊广告费$\frac{5}{4}$(万元).

(2) 电视广告费为零,报纸广告费为1.5万元时,其最大利润为 $L(0,1.5)=39$ 万元.

6. 当 $x=16,y=8$ 时,效用最大.

总习题1

1. (1) $\{(x,y)\mid y\leqslant\sqrt{x},x\geqslant 0,x+y>0\}$; (2)1;

(3) $dx+2dy$; (4) $\alpha;\beta$; (5) $(2,-2)$.

2. (1)D　　(2)B　　(3)B　　(4)C　　(5)B

3. 2.

4. (1) $2\ln 2$; (2)0.

5. 略.

6. (1) $-ze^{x^2z^2};ze^{y^2z^2};ye^{y^2z^2}-xe^{x^2z^2}$;

(2) 当 $x>0$ 时,$\frac{\sqrt{|y|}}{2\sqrt{x}}$;当 $x<0$ 时,$\frac{-\sqrt{|y|}}{2\sqrt{(-x)}}$;当 $x=0,y\neq 0$ 时,不存在;当 $x=0,y=0$ 时,0.

7. 0.

8. $\frac{(x-F_1)dx+(y-F_2)dy}{F_1+F_2-z}$.

9. -1.

10. 极小值 -1.

11. $a=1,b=1$;$xy+y\sin x+c$(c 为任意常数).

12. $\dfrac{7}{4\sqrt{6}}$.

13. (1)32,8,128；(2)16,4,32.

习题 2.1

1. (1)1;(2) $\dfrac{2}{3}\pi R^3$.

2. (1) $\iint\limits_D (x+y)^2 d\sigma \geqslant \iint\limits_D (x+y)^3 d\sigma$;

(2) $\iint\limits_D \ln(x+y) d\sigma \leqslant \iint\limits_D [\ln(x+y)]^2 d\sigma$.

习题 2.2

1. (1) $\dfrac{8}{3}$;(2) $\dfrac{45}{8}$;(3) $\dfrac{2}{5}$;(4) $\ln\dfrac{2+\sqrt{2}}{1+\sqrt{3}}$.

2. 略.

3. (1) $\sin 1-\cos 1$;(2) $\dfrac{3}{8}e-\dfrac{1}{2}\sqrt{e}$.

4. (1) $\int_0^1 dx\int_{x^2}^x f(x,y)dy$; (2) $\int_0^1 dx\int_x^1 f(x,y)dy$; (3) $\int_0^1 dy\int_{e^y}^e f(x,y)dx$;

(4) $\int_{-1}^2 dy\int_{y^2}^{y+2} f(x,y)dx$; (5) $\int_0^1 dy\int_{\arcsin y}^{\pi-\arcsin y} f(x,y)dx-\int_{-1}^0 dy\int_{\pi-\arcsin y}^{2\pi+\arcsin y} f(x,y)dx$.

5. 略.

6. (1) $\int_0^{\frac{\pi}{2}} d\theta\int_0^{2a\cos\theta} r^3 dr$; (2) $\int_0^{\frac{\pi}{4}} d\theta\int_0^{a\sec\theta} r^2 dr$;

(3) $\int_0^{\frac{\pi}{4}} d\theta\int_0^{\tan\theta\sec\theta} dr$; (4) $\int_0^{\frac{\pi}{2}} d\theta\int_0^a r^3 dr$.

7. (1) $-6\pi^2$; (2) $\dfrac{3}{64}\pi^2$; (3) $\dfrac{R^3}{3}\left(\pi-\dfrac{4}{3}\right)$.

8. $\dfrac{\pi}{2}$.

9. $\dfrac{7}{2}$.

习题 2.3

1. (1) 广义积分发散；(2) $\frac{1}{2}$.

2. $\frac{\pi}{2}$.

总习题 2

1. (1) $\frac{1}{2}$；(2) $\frac{9}{4}$；(3)0；

   (4) $\int_0^{\pi} d\theta \int_0^{6\sin\theta} f(r\cos\theta, r\sin\theta) r dr$；(5) $\sqrt[3]{\frac{3}{2}}$.

2. (1)D；(2)C；(3)D；(4)A；(5)D.

3. (1)4；(2)$e^{-\frac{1}{2}}$；(3)0；(4) $-\pi$；

   (5) $\frac{4(2+\pi)}{\pi^3}$；(6) $\frac{e}{8}-\frac{\sqrt{e}}{2}$；(7) $\frac{5\pi}{3}a^3$；(8) $\frac{\pi}{4}$.

4. (1) $\int_0^1 dy \int_{2-y}^{1+\sqrt{1-y^2}} f(x,y) dx$；

   (2) $\int_{-1}^0 dy \int_{-2\arcsin y}^{\pi} f(x,y) dy + \int_0^1 dy \int_{\arcsin y}^{\pi-\arcsin y} f(x,y) dx$；

   (3) $\int_0^1 dx \int_0^1 f(x,y) dy + \int_1^e dx \int_{\ln x}^1 f(x,y) dy$；

   (4) $\int_0^1 dx \int_{x-2}^{-\sqrt{x}} f(x,y) dy$.

5. (1)0；(2) $\frac{5}{3}+\frac{\pi}{2}$；(3) $\frac{\pi}{4}$.

6. 略.

7. $a^2\left(\frac{15}{8}-\ln 4\right)$.

8. $\frac{16}{3}R^3$.

9. 略.

习题 3.1

1. (1)1；(2)1.

2. (1) 发散；(2) 发散；(3) 收敛，$\frac{1}{2}$；

(4) 收敛，$1-\sqrt{2}$；(5) 收敛，1.

3. (1) 发散；(2) 收敛，$2-\frac{1}{3}$；(3) 收敛，$\frac{3}{2}$；

(4) 发散；(5) 发散；(6) 发散；(7) 发散.

4. 当 $-2<a<4$ 时，级数收敛；当 $a\geqslant 4$ 或 $a\leqslant -2$ 时，级数发散.

5. 收敛，$\frac{3}{4}$.

习题 3.2

1. (1) 发散；(2) 发散；(3) 收敛；
   (4) 收敛；(5) 发散；(6) 发散.
2. (1) 发散；(2) 收敛；(3) 收敛；
   (4) 收敛；(5) 收敛；(6) 收敛.
3. (1) 收敛；(2) 收敛；
   (3) 当 $x<1$ 时，发散；当 $x>1$ 时收敛；当 $x=1$ 时，发散.
   (4) 当 $b<a$ 时，收敛；当 $b>a$ 时，发散；当 $b=a$ 时，不能判别级数的敛散性.
4. (1) 收敛；(2) 收敛；(3) 发散；(4) 收敛；
   (5) 发散；(6) 发散；(7) 发散；(8) 收敛；(9) 发散.
5. 略.
6. 0.

习题 3.3

1. (1) 收敛；(2) 收敛；(3) 收敛；(4) 收敛.
2. (1) 条件收敛；(2) 绝对收敛；(3) 条件收敛；
   (4) 绝对收敛；(5) 绝对收敛；(6) 绝对收敛；(7) 绝对收敛.
3. (1) 发散；(2) 发散；(3) 发散.
4. 条件收敛.
5. $a=0$.

习题 3.4

1. (1) 收敛半径 $R=1$，收敛区间为 $(-1,1)$，收敛域为 $(-1,1)$；

(2) 收敛半径 $R=1$，收敛区间为$(-1,1)$，收敛域为$[-1,1]$；

(3) 收敛半径 $R=\infty$，收敛区间为$(-\infty,+\infty)$；

(4) 收敛半径 $R=3$，收敛区间为$(-3,3)$，收敛域为$[-3,3)$；

(5) 收敛半径 $R=\frac{1}{2}$，收敛区间为$\left(-\frac{1}{2},\frac{1}{2}\right)$，收敛域为$\left[-\frac{1}{2},\frac{1}{2}\right]$.

2. (1) 收敛半径 $R=1$，收敛域为$(-1,1)$；

(2) 收敛半径 $R=1$，收敛域为$[-1,1]$；

(3) 收敛半径 $R=\sqrt{2}$，收敛域为$(-\sqrt{2},\sqrt{2})$；

(4) 收敛半径 $R=1$，收敛域为$[4,6)$.

(5) 收敛半径 $R=\frac{1}{2}$，收敛域为$(1,2]$.

3. (1) 收敛域为$(1-\sqrt{2},1+\sqrt{2})$；(2) 收敛域为$(0,4)$.

4. (1) $\sum\limits_{n=1}^{\infty} nx^{n-1}=\frac{1}{(1-x)^2}.(-1<x<1)$；

(2) $\sum\limits_{n=1}^{\infty}\frac{x^{4n+1}}{4n+1}=\frac{1}{4}\ln\frac{1+x}{1-x}+\frac{1}{2}\arctan x-x.(-1<x<1)$；

(3) $\sum\limits_{n=1}^{\infty}n(n+1)x^n=\frac{2x}{(1-x)^3}.(-1<x<1)$.

5. $\sum\limits_{n=1}^{\infty}\frac{1}{(2n-1)2^n}=\frac{1}{\sqrt{2}}\ln(\sqrt{2}+1)$.

习题 3.5

1. (1) $x^2e^{x^2}=\sum\limits_{n=0}^{\infty}\frac{x^{2n+2}}{n!},\ x\in(-\infty,+\infty)$；

(2) $\sin^2x=\sum\limits_{n=1}^{\infty}(-1)^{n-1}2^{2n-1}\frac{x^{2n}}{(2n)!},\ x\in(-\infty,+\infty)$；

(3) $(1+x)\ln(1+x)=x+\sum\limits_{n=1}^{\infty}\frac{(-1)^{n-1}}{n(n+1)}x^{n+1},\ x\in(-1,1]$；

(4) $\arcsin x=\sum\limits_{n=1}^{\infty}\frac{1\cdot 3\cdot\cdots\cdot(2n-1)}{2^n(2n+1)n!}x^{2n+1},\ x\in(-1,1]$；

(5) $\ln(1+x-2x^2)=\sum\limits_{n=1}^{\infty}\frac{(-1)^{n-1}2^n-1}{n}x^n,\ x\in\left(-\frac{1}{2},\frac{1}{2}\right]$；

(6) $\frac{1}{x^2-3x+2}=\sum\limits_{n=0}^{\infty}\left(1-\frac{1}{2^{n+1}}\right)x^n,\ x\in(-1,1)$；

(7) $\frac{1}{(1-x)^2}=\sum\limits_{n=0}^{\infty}nx^{n-1}\quad x\in(-1,1)$；

(8) $\ln(a+x)=\ln a+\frac{1}{a}\sum_{n=0}^{\infty}(-1)^n\frac{1}{a^n}\cdot\frac{x^{n+1}}{n+1}, x\in(-a,a)$;

2. (1) $e^x=e\sum_{n=0}^{\infty}\frac{(x-1)^n}{n!}, x\in(-\infty,+\infty)$;

(2) $\frac{1}{x}=\sum_{n=0}^{\infty}(-1)^n(x-1)^n, x\in(0,2)$;

(3) $\ln x=\sum_{n=1}^{\infty}(-1)^{n-1}\frac{(x-1)^n}{n}, x\in(0,2]$;

3. $\sin\frac{\pi}{2}x=\sum_{n=0}^{\infty}\frac{(-1)^{n+1}}{(2n+1)!}\left(\frac{\pi}{2}\right)^{2n+1}(x+2)^{2n+1}, x\in(-\infty,+\infty)$;

4. $\frac{1}{x^2+3x+2}=\sum_{n=0}^{\infty}\left(\frac{1}{2^{n+1}}-\frac{1}{3^{n+1}}\right)(x+4)^n \quad (-6<x<-2)$.

总习题3

1. (1) 提示：$\sum_{n=1}^{\infty}\left(\int_0^1 x^2(1-x)^n dx\right)=\int_0^1 x^2\left(\sum_{n=1}^{\infty}(1-x)^n\right)dx$. $\frac{1}{6}$;

(2) 提示：利用 e^x 的展开式. 1;

(3) $\ln 3+\sum_{n=1}^{\infty}\frac{(-1)^n}{3^3 n}x^n, -3<x<3$;

2. (1) C; (2) C; (3) B; (4) D.

3. (1) 发散; (2) 当 $\lambda<-\frac{1}{2}$ 时,收敛;当 $\lambda\geqslant-\frac{1}{2}$ 时,发散;

(3) 收敛; (4) 收敛; (5) 收敛; (6) 收敛; (7) 收敛; (8) 收敛.

4. (1) 收敛; (2) 发散.

5. 当 $|x|>1$ 时, 发散; 当 $|x|<1$ 时,绝对收敛.

6. (1) 0; (2) 0; (3) 0.

7. (1) $S(x)=x(1+x)e^x$;

(2) $S(x)=\begin{cases}\frac{1-x}{x}\ln(1-x)+1, & x\in(-1,0)\cup(0,1);\\ 0, & x=0\end{cases}$;

(3) $S(x)=\begin{cases}-\frac{1}{x}\ln\left(1-\frac{x}{2}\right), & -2<x<0, 0<x<2\\ \frac{1}{2}, & x=0\end{cases}$.

8. (1) $f(x)=\sum_{n=0}^{\infty}\left[\left(-\frac{1}{6}\right)^n+1\right]x^n \quad x\in(-1,1)$;

$(2)f(x)=\frac{\pi}{4}+\sum_{n=0}^{\infty}\frac{(-1)^n x^{2n+1}}{2n+1} \quad x\in(-1,1)$;

$(3)f(x)=\sum_{n=0}^{\infty}(-1)^n\frac{x^{4n+1}}{(4n+1)(2n)!} \quad x\in(-\infty,+\infty)$.

9. 略； 10. 略.

习题 4.1

1. (1) 一阶 (2) 二阶 (3) 二阶 (4) 一阶
2. (1) 是 (2) 不是 (3) 是 (4) 不是
3. $y'=x+y$
4. $y=xe^{-2x}$

习题 4.2

1. $(1)y=cx$

   $(2)y=\ln x^2y+c$

   $(3)y^2=1+c\cdot\frac{e^{-x^2}}{x^2}$

   $(4)y=e^{cx}$

   $(5)3x^4+4(y+1)^3=c$

   $(6)\tan x\cdot\tan y=c$

2. $(1)\sin\frac{y}{x}=x$

   $(2)y^2=x^2\ln x^2$

3. $(1)y=e^{-x}(x+c)$

   $(2)y=c\cos x-2\cos^2x$

   $(3)y=2+ce^{-x^2}$

   $(4)y=x^2\left(\frac{1}{2}\ln|x|+c\right)$

   $(5)y=(x^2+c)e^{-x^2}$

   $(6)xy\left[c-\frac{a}{2}(\ln x)^2\right]=1$

4. $(1)y=2\ln x+2-x$

   $(2)y=x+(1+x^2)^{\frac{1}{2}}$

5. $c(x)=1+\sqrt{x^2+8x}$

习题 4.3

1. (1) $y = (x-3)e^x + c_1x^2 + c_2x + c_3$

   (2) $y = -\ln|\cos x|$

   (3) $y = \frac{1}{9}x^3 + c_1\ln|x| + c_2$

   (4) $y = c_2e^{c_1x}$

   (5) $y = -\ln|\cos(x + c_1)| + c_2$

   (6) $y = \arcsin(c_2e^x) + c_1$

2. $y = \frac{x^3}{6} + \frac{x}{2} + 1$

3. (1) $y = \frac{-1}{a}\ln(ax+1)$

   (2) $x = 1 - \sqrt{1 - y^2}$

习题 4.4

1. (2)、(4)、(6) 线性相关,(1)、(3)、(5) 线性无关
2. $c_1e^x + c_2e^{3x}$
4. $c_1y_1 + c_2y_2 + (1 - c_1 - c_2)y_3$

习题 4.5

1. (1) $c_1e^x + c_2e^{5x}$

   (2) $c_1\cos 4x + c_2\sin 4x$

   (3) $e^{2x}(c_1\cos 3x + c_2\sin 3x)$

   (4) $(c_1 + c_2x)e^x$

2. (1) $y = 9e^{-2x} - 8e^{-3x}$

   (2) $y = xe^{5x}$

   (3) $y = -\frac{1}{3}e^x\cos 3x$

   (4) $y = 2\cos 5x + \sin 5x$

习题 4.6

1. (1) $y = c_1e^x + c_2e^{3x} + 2$

(2) $y = (c_1 + c_2 x)e^{1.5x} + 4e^x$

(3) $y = (c_1\cos x + c_2\sin x)e^{-x} - \sin 2x - 2\cos 2x$

(4) $y = e^x(c_1\cos 2x + c_2\sin 2x) - \frac{1}{4}xe^x\cos 2x$

(5) $y = e^{3x}(c_1 + c_2 x) + e^{2x}(x + 3)$

(6) $y = c_1\cos x + c_2\sin x + \frac{1}{2}e^x + \frac{1}{2}x\sin x$

2. (1) $y = \frac{5}{8}\cos x + 4\sin x - \frac{1}{8}\cos 3x$

(2) $y = e^x + e^{3x} + e^{5x}$

(3) $y = (c_1 + c_2 x)e^x + \frac{1}{2}x^2 e^x$

3. $y = \frac{1}{2}(\cos x + \sin x + e^x)$

习题 4.7

1. $P(t) = 10 \times 2^{\frac{t}{10}} \qquad 0 \leqslant t \leqslant 10$

2. $L = \frac{k+1}{a} - x + (L_0 - \frac{k+1}{a})e^{-ax}$

3. $Q = 1\,200 \times 3^{-P}$

4. (1) $P_e = \left(\frac{a}{b}\right)^{\frac{1}{3}}$ (2) $p(t) = [p_e^3 + (1 - p_e^3)e^{-3kbt}]^{\frac{1}{3}}$

(3) $\lim\limits_{t\to\infty} p(t) = p_e$

总习题 4

1. (1) $ae^x + b\cos x + c\sin x$

(2) $f'(x) + 2f(x) = 2x$; $f(0) = 0$

(3) 1 个

(4) $\ln 3$

(5) $y'' - 2y' + y = 0$

2. (1) A,C,D; (2) B,D; (3) D; (4) C; (5) C

3. (1) $x - \sqrt{xy} = c$

(2) $y = ax + \frac{c}{\ln x}$

(3) $x = \frac{c}{y^2} + \ln y - \frac{1}{2}$

(4) $y = e^{-x}(c_1\cos 2x + c_2\sin 2x) - \frac{4}{17}\cos 2x + \frac{1}{17}\sin 2x$

4. (1) $y = \frac{1}{2}\sin 2x$

(2) $x = (1 + y^2)e^y$

(3) $y = e^x$

5. $c(t) = \frac{a}{t} + \left(c_0 - \frac{a_0}{t_0}\right)\left(\frac{t}{t_0}\right)^{b-1}$

6. $x(t) = \frac{Nx_0e^{kNt}}{N - x_0x_0e^{kNt}}$

习题 5.1

1. (1) $\Delta y_t = \ln\left(1 + \frac{1}{t}\right)$

(2) $\Delta y_t = 0$

(3) $y_t = (e - 1)e^t$

(4) $y_t = 1 + 2t$

2. (1) $6(t + 1)$

(2) $\ln\frac{t^2 + 4t + 3}{t^2 + 4t + 3}$

(3) $(e^2 - 1)e^{2t}$

3. (1)1 阶　　(2)2 阶　　(3)4 阶　　(4)2 阶

5. $y_t = \frac{1}{5} \cdot 3t \cdot \frac{1}{5}(-2)^t$

习题 5.2

1. (1) $y_t = c\left(\frac{2}{3}\right)^t$

(2) $y_t = c5^t - \frac{3}{4}$

(3) $y_t = c\left(-\frac{1}{2}\right)^t + \left(\frac{7}{9} + \frac{1}{3}t\right)$

(4) $y_t = c \cdot 2^t + 2^t \cdot \frac{t}{4}(t - 1)$

(5) $y_t = c\cdot 2^t + 2^t$

(6) $y_t = c5^t - \frac{5}{26}\cos\frac{\pi}{2}t + \frac{1}{26}\sin\frac{\pi}{2}t$

2. (1) $y_t = \left(\frac{2}{3}\right)^t$

(2) $y_t = \frac{1}{3}2^t + \frac{5}{3}(-1)^t$

(3) $y_t = \left(\frac{1}{2}\right)^{t-2} + t$

(4) $y_t = -\frac{1}{2}\cdot(-4)^t + \cos\pi t$

习题5.3

1. (1) $y_t = c_1 2^t + c_2 5^t$

(2) $y_t = (c_1 + c_2 t)2^t$

(3) $y_t = (\sqrt{3})^t(c_1\cos wt + c_2\sin wt)$　　$w = \pi - \arctan\sqrt{2}$

(4) $y_t = c_1(-1)^t + c_2(-2)^t + (t^2 - t + 3)$

(5) $y_t = c_1(-1)^t + c_2(-4)^t + \frac{t}{10} - \frac{7}{100}$

(6) $y_t = c_1 + c_2(-4)^t + \frac{3}{10}t^2 - \frac{21}{50}t$

(7) $y_t = c_1 + c_2 t + 4t^2$

(8) $y_t = c_1 3^t + c_2(-2)^t + 3^t\left(\frac{t^2}{15} - \frac{2}{25}t\right)$

2. (1) $y_t = \sin\frac{\pi}{2}t$

(2) $y_t = 2\times 3^t + (-4)^t$

(3) $y_t = t$

总习题5

1. (1) $y_{t+1} - 2y_t = 1$

(2) $2^{10} + \frac{1}{3}$

(3) 1

(4) $A_0 + A_1 T + B_1\cos t + B_2\sin t$

2. (1)B (2)C (3)D (4)C

3. (1)$y_t = -\frac{3}{4} + \frac{1}{2}t + c \cdot 3^t$

(2)$y_t = c - t$

(3)$y_t = 2^t\left(c_1\cos\frac{\pi}{3}t + c_2\sin\frac{\pi}{3}t\right) + \frac{1}{3}(a + bt)$

(4)$y_t = c_1 + c_2 \cdot 2^t + \frac{1}{4} \times 5^t$

4. (1)$y_t = -\frac{1}{36} + \frac{1}{6}t + (-5)^t \cdot \frac{109}{36}$

(2)$y_t = (c_1 + c_2 t) \cdot 2^t + 7 + t + 4\cos\frac{\pi}{2}t + 3\sin\frac{\pi}{2}t$

(3)$y_t = \frac{1}{2}t + \cos\frac{\pi}{2}t + \frac{1}{2}\sin\frac{\pi}{2}t$

5. $Y_t = \left(y_0 + \frac{\beta}{\alpha}\right)(1 + R)^t - \frac{\beta}{\alpha}$ 其中 $R = \frac{\alpha}{\delta\gamma - \alpha}$

$S_t = (\alpha y_0 + \beta)(1 + R)^t$

$I_t = \frac{1}{\delta}(\alpha y_0 + \beta)(1 + R)^t$

参考文献

[1]同济大学应用数学系．高等数学[M]．5 版．北京:高等教育出版社，2001.

[2]龚德恩．微积分[M]．成都:四川人民出版社,2001.

[3]刘书田．微积分[M]．北京:北京大学出版社,2006.

[4]吴传生．经济数学——微积分[M]．北京:高等教育出版社,2003.

[5]李辉来．微积分[M]．北京:清华大学出版社,2006.

[6]刘桂茹,孙永华．微积分[M]．北京:高等教育出版社,2008.

[7]复旦大学数学系．数学分析[M]．2 版．北京:高等教育出版社,2002.

[8]菲赫金哥尔茨．微积分学教程[M]．北京:人民教育出版社,1979.

[9]KNUT SYDAETER. *Further Mathematics for Economic Analysis*[M]. Englewood Cliffs, NJ: Prentice Hall,2005.

[10]JAMES STEWART. *Calculus*[M]. 5ed. Thomson,2003.

[11] JEFFREY BALDANI. *Mathematical Economics* [M]. 2ed. Thomson, 2005.

[12]蒋中一．数理经济学中的基本方法[M]．4 版．北京:北京大学出版社,2006.

[13]N G MANKIW. *Principles of Economics*[M]. 3ed. Thomson,2004.

[14]周惠中．微观经济学[M]．上海:上海人民出版社,1996.

[15]朱善利．微观经济学[M]．2 版．北京:北京大学出版社,2001.